T Sangeetha
Geetha Mary Amalanathan

Deteção de valores atípicos utilizando técnicas de computação suave

T Sangeetha
Geetha Mary Amalanathan

Deteção de valores atípicos utilizando técnicas de computação suave

Deteção de objectos desviantes em vários sistemas de informação utilizando métodos de computação suave

ScienciaScripts

Cover image: www.ingimage.com

This book is a translation from the original published under ISBN 978-620-7-47389-2.

Publisher:
Sciencia Scripts
is a trademark of
Dodo Books Indian Ocean Ltd. and OmniScriptum S.R.L publishing group

120 High Road, East Finchley, London, N2 9ED, United Kingdom
Str. Armeneasca 28/1, office 1, Chisinau MD-2012, Republic of Moldova, Europe
Printed at: see last page
ISBN: 978-620-8-07429-6

Conteúdo

RESUMO

Com o crescimento da era digital, os dados estão amplamente disponíveis, pelo que a recuperação de conhecimentos a partir desses dados é efectuada através de algoritmos de extração de dados. Entre os vários algoritmos de extração de dados, a deteção de valores anómalos é crucial, uma vez que a sua ocorrência degrada a eficiência do sistema. A maior parte da investigação limitou-se à deteção de valores atípicos num único universo com uma única granulação para dados numéricos ou categóricos. Os algoritmos de deteção de valores atípicos de aprendizagem automática existentes funcionam bem para dados quantitativos, mas não são diretamente aplicados a dados qualitativos, vagos e imprecisos, o que produz resultados ineficazes. Há também informações ambíguas, incertas, incompletas e indeterminadas que persistem no mundo real. Estes problemas são tratados neste trabalho de investigação utilizando a teoria dos conjuntos aproximados, os conjuntos difusos intuicionistas e os conjuntos neutrosóficos. A metodologia proposta, o método de deteção de valores atípicos de densidade ponderada com base na entropia, foi concebida para detetar valores atípicos em vários sistemas de informação. O valor da densidade ponderada para cada objeto e atributo foi determinado para detetar anomalias. Assim, um objeto verdadeiro nunca será tratado como um outlier. A metodologia proposta produz uma boa precisão quando comparada com os algoritmos de deteção de anomalias existentes. A comparação foi feita com os algoritmos de deteção de anomalias existentes para os conjuntos de dados de referência disponíveis, como os repositórios UCI, Kaggle e Harvard Dataverse, para mostrar a eficiência do algoritmo proposto. Após a remoção dos outliers, a pontuação da silhueta é calculada para mostrar que a metodologia proposta forma bons agrupamentos, e a estimativa de erro para os agrupamentos utilizando o método dos mínimos quadrados ordinários mostra que o erro padrão estimado é reduzido quando os outliers são removidos.

Palavras-chave: *Data Mining*, *Outliers*, *Rough Set Theory*, *Intuitionistic Fuzzy*, *Neutro- sophic Sets*.

AGRADECIMENTOS

Antes de mais, agradeço a **Deus** Todo-Poderoso por me ter guiado durante todo o período de estudo.

Com imenso prazer e um profundo sentimento de gratidão, gostaria de expressar os meus sinceros agradecimentos à minha supervisora**, a Dra. Geetha Mary A**, Professora, Escola de Informática e Engenharia, Instituto de Tecnologia de Vellore (VIT), Vellore, sem a sua motivação e o seu incentivo contínuo, esta investigação não teria sido concluída com êxito.

Estou grato ao Chanceler do VIT, **Dr. G. Viswanathan**, aos Vice-Presidentes, ao Vice-Chanceler por me terem motivado a realizar investigação no Instituto de Tecnologia de Vellore e também por me terem proporcionado infra-estruturas e muitos outros recursos necessários para a minha investigação.

Expresso os meus sinceros agradecimentos ao **Dr. Ramesh Babu K**, Diretor da Escola de Informática e Engenharia, Vellore Institute of Technology (VIT), pelas suas amáveis palavras de apoio e encorajamento.

Além disso, tenho uma dívida de gratidão para com o meu amado esposo, **Sr. K. Kumaran**, a minha sogra, **Sra. M. Rani**, as minhas adoradas filhas, **K. S. Haritha Shree e M. J. Ratna**, e o meu filho, **K. S. Hari Hara Sudhan,** cujo apoio inabalável durante o tempo que passei a investigar é indescritível.

Gostaria de agradecer o apoio prestado pelo meu tio **Er. J. Venkatachalam** de várias formas ao longo do meu trabalho de investigação e estendo o meu profundo sentimento de gratidão aos meus pais, **Sr. T. C. Tamilarasu** e **Sra. T. Kasthuri**, pelo seu apoio moral e encorajamento sempre que necessário.

Por último, mas não menos importante, gostaria de agradecer à minha irmã **Dra. T. Jayalakshmi**, ao meu tio **Er. K. P. Mani Ghanda Raaja**, ao meu irmão **Er. T. Venkatesan**, à minha cunhada **Er. R. Gracy Rasiga**, aos meus filhos **V. G. Tanusree** e **V. G. Pranava Murugan** pelo seu constante encorajamento e apoio moral, bem como pela sua paciência e compreensão.

SANGEETHA T

Capítulo 1

INTRODUÇÃO

1.1 Visão geral

A descoberta de conhecimentos em bases de dados (KDD) é um termo comum que inclui a descoberta de conhecimentos em dados e aborda a aplicação de "alto nível" de várias técnicas de extração de dados. A abordagem KDD tem como principal objetivo extrair conhecimentos dos dados no âmbito de grandes conjuntos de dados. Baseia-se no procedimento de descoberta de conhecimentos a partir de bases de dados que não são fáceis de identificar informações novas, potencialmente úteis e válidas, de tomar decisões críticas e, eventualmente, de compreender tendências ou relações num conjunto de dados. A fase de extração de dados (DM) diz respeito principalmente aos métodos de extração e enumeração de padrões a partir dos dados. As bases de dados indutivas estão a atrair muita atenção e estão a ser feitos esforços para estabelecer normas e padrões no sector. As várias técnicas de extração de dados são analisadas na secção 1.4.

A extração de elementos aberrantes é determinada como a técnica de deteção de itens desviantes, ocorrências invulgares, estranhezas e excepções do conjunto de dados. Entre as várias técnicas de extração de dados, este trabalho de investigação centra-se exclusivamente na deteção de anomalias, uma vez que a deteção e remoção de anomalias do conjunto de dados ajudará outras técnicas de extração de dados a serem mais precisas. Os outliers são factos que não se enquadram em categorias normais. As "boas" excepções fornecem informações úteis e ajudam a encontrar factos ocultos, enquanto as "más" excepções contêm pontos de dados que parecem ser ruidosos. A distinção entre os diferentes tipos de excepções é uma questão crítica em muitas aplicações. Neste capítulo, é abordada a necessidade de pré-processamento de dados, extração de dados e descoberta de conhecimentos. Além disso, a deteção de valores aberrantes utilizando o conceito de inteligência artificial, conjuntos aproximados e conjuntos difusos é abordada na secção 1.6.

1.2 Recolha de dados e descoberta de conhecimentos

A metodologia de extração de dados é utilizada nas empresas para recolher dados e convertê-los em conhecimento útil. As organizações podem obter um conhecimento mais completo sobre os potenciais clientes através da avaliação de grandes volumes de dados utilizando tecnologias. Isto ajuda-as a desenvolver campanhas de marketing mais bem sucedidas, a melhorar as vendas e a poupar despesas (Goyal *et al.*, 2017). As cinco fases da extração de dados são as seguintes: Em primeiro lugar, os dados são importados para um único repositório a partir de várias fontes nas organizações. A etapa seguinte consiste em armazenar e gerir os dados. Os dados são armazenados nos servidores do armazém de dados ou na nuvem. Por fim, partilham os dados num formato acessível, apresentando-os ao utilizador final, como uma tabela ou um gráfico.

A extração de dados é utilizada para analisar grandes bases de dados e para melhorar as necessidades de segmentação do mercado. É habitualmente aplicada a sistemas antifraude inteligentes para analisar transacções com cartões, filtragem de correio eletrónico não desejado, comportamento de compra e dados financeiros dos clientes. A extração de dados é a descoberta de padrões em grandes conjuntos de dados utilizando técnicas de aprendizagem automática, estatística e sistemas de bases de dados. A prospeção de dados é um subcampo interdisciplinar da informática e da estatística com o objetivo geral de extrair informações de um conjunto de dados e transformá-las numa estrutura compreensível para utilização posterior. O volume de dados está a aumentar todos os dias. Pode tratar-se de transacções comerciais, dados científicos, dados de sensores, imagens e vídeos. Assim, é necessário um sistema que seja capaz de extrair a essência do conhecimento disponível e que possa gerar automaticamente o relatório, as visualizações ou o resumo dos dados para uma melhor tomada de decisões (Nowak Brzeziiska, 2017).

Os investigadores estão interessados no estudo da análise preditiva, da robótica, da visualização de dados, da estatística, do reconhecimento de padrões e dos sistemas especializados para a aquisição de conhecimentos. O método de Descoberta de Conhecimentos em Bases de Dados (KDD) tem como objetivo obter conhecimentos a partir de bases de dados de grande dimensão (Wang *et al.*, 2005).

Os algoritmos de extração de dados são utilizados para identificar o conhecimento, com base em medidas e limiares especificados. Assim, as bases de dados requerem um pré-processamento, uma subamostragem e transformações essenciais. O processo de KDD é explicado de forma pormenorizada na Fig. 1.1.

1.3 Etapas de pré-processamento na extração de dados

Antes de efetuar a extração de dados, é necessário realizar algumas etapas essenciais. Muitos factores influenciam a utilidade dos dados, incluindo a atualidade, a exatidão, a consistência e a

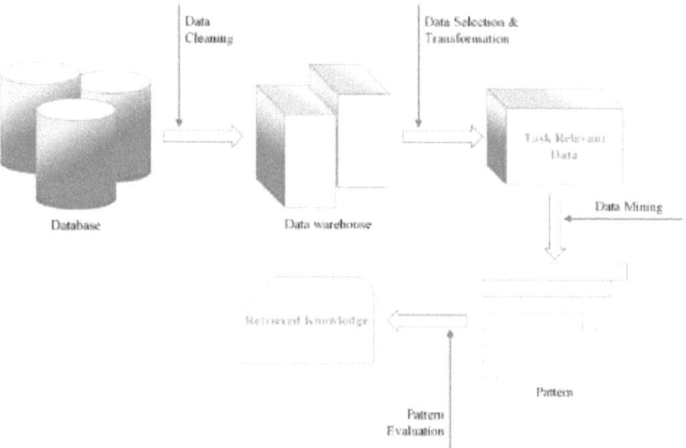

Fig. 1.1 Processo KDD

exaustividade. Os dados em bruto devem ser convertidos num formato útil e acessível, caso contrário, a descoberta de conhecimentos pode não ser exacta. Assim, o pré-processamento é necessário antes da extração dos dados (Cios *et al.*, 2012). Os vários tipos de pré-processamento de dados são descritos de seguida:

- Limpeza de dados
- Integração de dados
- Redução de dados
- Transformação de dados
- Exploração de dados
- Análise de padrões
- Representação do conhecimento

1.3.1 Limpeza dos dados

Neste mundo real, existem dados incompletos, ruidosos e inconsistentes. As técnicas de pré-processamento de dados preenchem os dados em falta e suavizam os valores ruidosos quando são detectadas anomalias, e os dados inconsistentes podem ser corrigidos. Em geral, a maior parte dos dados são limpos por si só e são acessíveis, mas não são robustos (Tomar e Agarwal, 2014). As secções 1.3.1.1 e 1.3.1.2 explicam os conceitos fundamentais necessários para a limpeza dos dados.

1.3.1.1 Dados em falta

Muitas tuplas podem não ter valores registados para vários campos. Os dados em falta são tratados através dos seguintes métodos.

- Ignora a tupla, se o valor estiver em falta.
- Introduzir manualmente o valor em falta.
- Utilizar um valor genérico para preencher o espaço em branco.
- O valor nulo do atributo pode ser substituído por um número gerado a partir da métrica de distribuição de probabilidades.
- Aplicar a propriedade de tendência central, como a média ou a mediana, a todas as amostras com o mesmo tipo que o da tupla dada.
- Os valores nulos podem ser preenchidos utilizando o valor mais provável.

1.3.1.2 Dados com ruído

Qualquer variância ou erro aleatório presente na variável medida é designado por dados ruidosos. Os dados não estruturados são dados ruidosos, a partir dos quais um computador não consegue ler, interpretar ou recuperar qualquer informação. Os dados ruidosos requerem muito espaço de armazenamento e afectam significativamente os resultados da extração de dados. Por isso, o ruído presente nos dados numéricos é eliminado através do seu "alisamento". Os métodos de suavização de dados são os seguintes:

Binning : Na "suavização por médias binárias", o valor médio da posição é utilizado para substituir cada valor na posição. Como ilustração, a média dos números considera 5, 9 e 16, e a média dos números dados é determinada como 10. Consequentemente, o número 10 é utilizado para substituir cada um dos valores originais da posição. Da mesma forma, na "suavização por medianas de posição", a mediana da posição é utilizada em vez de cada valor da posição. Além disso, na "suavização por limites de posição", os valores máximo e mínimo de uma posição individual são determinados pela identificação dos limites da posição. O valor limite mais próximo é utilizado para substituir cada valor da posição.

Regressão : A regressão é um método que ajusta os valores dos dados a uma função e também pode ser utilizada para suavizar os dados. O objetivo da regressão linear é identificar a "melhor" linha para satisfazer dois atributos, o que permite que um atributo preveja o outro. A regressão linear múltipla é um tipo de regressão linear em que há mais de dois atributos envolvidos e os dados são ajustados a uma superfície multidimensional.

Outliers : Um objeto de dados que difere consideravelmente dos outros objectos, como se tivesse sido produzido por um método distinto, é referido como um outlier. Também foi definido como "o processo de deteção e subsequente exclusão dos outliers de um determinado conjunto de dados" (Shafiq, 2019).

1.3.2 Integração de dados

Os dados de várias fontes de vários formatos são extraídos e criados como uma única fonte de dados, o que se designa por integração de dados. A redundância e a ambiguidade do conjunto de dados resultante podem ser evitadas e minimizadas com uma integração cuidadosa, de modo a melhorar a eficiência e a velocidade do processo de extração de dados (Garcia *et al.* ,2015). A integração de dados pode ser efectuada utilizando ferramentas de migração de dados, como o Microsoft SQL e o Oracle Data Service Integrator, etc.

1.3.3 Redução de dados

A redução de dados é um método que comprime os dados originais num volume de dados significativamente mais pequeno. Alguns dos métodos de redução de dados são a redução da numerosidade, a compressão de dados e a redução da dimensionalidade. A redução da numerosidade obtém dados comprimidos a partir dos dados originais, utilizando métodos paramétricos ou não paramétricos. Em vez de armazenar dados reais, os parâmetros do modelo são armazenados numa abordagem paramétrica. A regressão e os modelos log-lineares são dois exemplos de métodos paramétricos. Os histogramas, o agrupamento, a amostragem e a agregação de cubos de dados são exemplos de abordagens não paramétricas. Na abordagem não paramétrica, o método de compressão de dados utiliza transformações para produzir uma versão comprimida dos dados originais. A redução de dados é sem perdas quando a informação real é obtida a partir dos dados encriptados sem qualquer perda de dados; caso contrário, é com perdas. A redução da dimensionalidade é o processo de redução do número de variáveis geradas aleatoriamente ou de atributos tidos em conta. Alguns dos métodos de redução da dimensionalidade incluem transformações wavelet, análise de componentes principais (PCA), seleção de subconjuntos de atributos e geração de atributos.

1.3.4 Transformação de dados

Os procedimentos de transformação de dados alteram os dados para formatos prontos para a extração. Por exemplo, os dados de atributos são redimensionados durante a normalização de modo a ficarem dentro de um intervalo estreito, como 0,0 a 1,0. A discretização de dados e a criação de hierarquias de conceitos são mais dois exemplos. Os dados numéricos são transformados através da discretização dos dados, traduzindo os valores em intervalos ou etiquetas de conceitos. Estas técnicas permitem a extração de dados em vários graus de granularidade, criando automaticamente hierarquias de conceitos para os dados. Binning, análise de histogramas, análise de clusters, análise de árvores de decisão e análise de correlação são algumas abordagens de discretização. As hierarquias de conceitos para dados nominais podem ser criadas utilizando as definições do esquema e os atributos são atribuídos com valores únicos.

1.3.5 Exploração de dados

A exploração de dados é a fase inicial da análise de dados e consiste em observar e interpretar os dados para obter rapidamente informações ou descobrir regiões que exijam uma investigação mais aprofundada. Os utilizadores podem obter mais rapidamente informações utilizando painéis de controlo interactivos e técnicas de exploração de dados do tipo "apontar e clicar" para compreender melhor o panorama geral (Mariscal *et al.*, 2010).

1.3.6 Análise de padrões

A extração de dados envolve a extração de vários tipos de dados. No entanto, para obter informações, os dados devem ter um padrão interessante. A extração preditiva e descritiva são as funcionalidades mais comuns da extração de dados. Os atributos dos dados de um conjunto de dados alvo são descritos na extração descritiva. Por outro lado, na extração preditiva de dados, os dados são processados para criar um modelo de previsão para dados futuros (Bibri e Krogstie, 2018).

1.3.7 Representação do conhecimento

O conhecimento extraído é apresentado aos utilizadores através de abordagens de visualização e representação do conhecimento. São utilizadas técnicas de sumarização e visualização para tornar os dados fáceis de utilizar. Além disso, as informações podem ser representadas através de árvores, tabelas, regras, gráficos, quadros e matrizes (Couceiro e Napoli, 2019).

1.4 Metodologias de extração de dados

O método de descoberta de novos padrões e relações inexplorados e significativos em grandes bases de dados através da utilização de técnicas contemporâneas de análise de dados é designado por extração de dados (Eddine e Zeki, 2019). Essas tecnologias podem utilizar métodos preditivos, metodologias de reconhecimento de padrões e algoritmos matemáticos, como árvores de decisão e aprendizagem profunda. Consequentemente, a extração de dados engloba tanto a avaliação como as previsões. As técnicas habitualmente utilizadas são a previsão, o agrupamento, as regras de associação, a regressão, os padrões sequenciais e a análise de outliers (Zenkert *et al.*, 2018). Essas técnicas são discutidas a seguir:

- Classificação - É o processo de criação de funções que descrevem e categorizam conceitos de dados, de modo a que a metodologia possa também ser utilizada para determinar o tipo de objectos com etiquetas de classe desconhecidas.
- Agrupamento - Objectos semelhantes no conjunto de dados formam um agrupamento que é distinto de outros agrupamentos. Devido aos conjuntos de dados cada vez maiores, o agrupamento desempenha um papel importante na extração de dados.
- Previsão - A previsão, uma espécie de abordagem de aprendizagem automática supervisionada, pode ser utilizada para prever qualquer atributo de valor contínuo. A regressão pode ser utilizada por qualquer organização para estudar as correlações entre variáveis como o alvo e o preditor. É uma ferramenta de análise de dados valiosa que também pode ser utilizada para a orçamentação de capital e a típica aprendizagem preditiva.
- Regra de associação - A extração de regras de associação é um método que procura padrões, correlações ou relações normalmente recorrentes em conjuntos de dados. As regras de associação são uma forma simples de declaração condicional que pode ser utilizada para determinar relações entre bases de dados ou conjuntos de dados que parecem não estar relacionados. Uma regra de associação pode ser organizada em duas partes: um consequente (então) e um antecedente (se).
- Análise de valores atípicos - Os valores atípicos podem ser identificados através de agrupamento, que organiza valores semelhantes em grupos ou "clusters". Os valores que não se enquadram no conjunto de agrupamentos podem ser subjetivamente representados como anómalos. Esta metodologia pode ser utilizada numa série de contextos que incluem a deteção de intrusões e a deteção de falhas ou fraudes. O conceito de análise de valores anómalos é brevemente discutido na secção 1.5.3.
- Padrão Sequencial - É a técnica de identificação de padrões estatisticamente significativos entre instâncias de dados em que os valores são apresentados em ordem sequencial.

1.5 Anómalos

Um conjunto de dados pode ocasionalmente conter valores extremos que são diferentes dos outros dados e estão para além do intervalo previsto. Estes são conhecidos como valores anómalos e, ao compreender e até eliminar estes valores anómalos, a modelação da aprendizagem automática pode ser frequentemente melhorada. A identificação de um objeto como normal ou anómalo é necessária para várias funcionalidades. Construir um modelo alargado para este efeito é uma tarefa difícil e é complexo definir todos os comportamentos possíveis que são normais. Nem todos os casos podem ser rotulados como "normais" ou "anómalos". Por vezes, as pontuações também são formuladas para identificar os casos anómalos. O método de deteção de outliers varia consoante a aplicação. Assim, é impossível construir um método universal para a deteção de casos anómalos, que depende da aplicação. Alguns necessitam de medidas de semelhança ou de distância e outros utilizam um modelo de relação para a deteção de valores atípicos.

Por exemplo, é normal que uma variação nos resultados dos testes clínicos detecte valores atípicos, mas no marketing, as flutuações dos dados são elevadas. Por isso, a identificação de valores anómalos é complexa. O ruído é diferente dos valores anómalos, que são abordados na secção 1.3.1.2. A deteção de valores atípicos é particularmente difícil quando estão presentes dados de baixa qualidade e ruído. Estes podem degradar os dados e dificultar a distinção entre objectos normais e aberrantes. Alguns ruídos ou dados em falta podem ser erradamente identificados como objectos aberrantes, o que reduz a eficácia da deteção de objectos aberrantes.

Os investigadores estão interessados não só em detetar os valores anómalos, mas também em determinar as razões para os tratar como anómalos. Por exemplo, se os investigadores utilizarem qualquer método estatístico, é necessário mostrar o grau de desvio em relação aos outros objectos. O mesmo método aplica-se a todo o conjunto de dados, os objectos que provavelmente se desviam dos outros são anómalos. O outlier é uma declaração da distância excecional de uma amostra aleatória da população em relação a vários outros valores. Esta classificação remete para o analista ou para um consenso

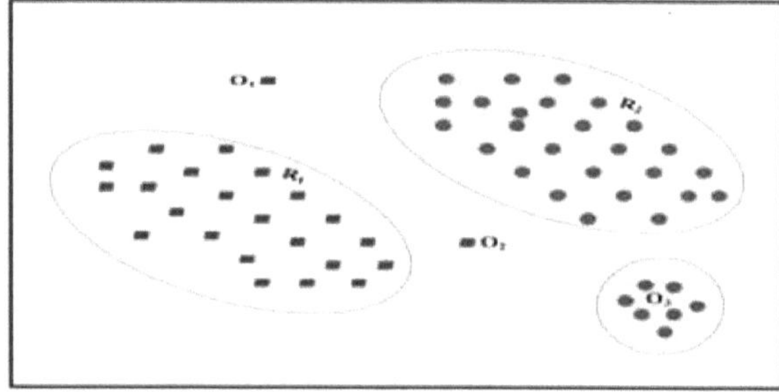

Fig. 1.2 Outliers no conjunto de dados 2D

O mecanismo de medição de dados é um mecanismo para determinar a razão que constitui um comportamento irregular no sistema de informação. Os outliers podem ser um erro experimental, ou podem ser devidos a inconsistências na medição. O objetivo da abordagem de identificação de valores atípicos é classificar os padrões de dados que não se desviam dos padrões normais (Trevizan *et al.*, 2020).

Os valores atípicos num conjunto de dados bidimensional básico são ilustrados na Fig. 1.2. As regiões R1 e R2 baseiam-se nos dados, que são comuns. A maior parte dos valores anómalos situam-se nestes dois tipos de secções. Alguns pontos O1, O2 e *O3* estão suficientemente afastados das áreas e são designados por outliers (Ilyas e Chu, 2019).

O conceito de extração de dados desempenha um papel essencial na deteção de valores atípicos. Os "bons" outliers contribuem com informações úteis para facilitar novos conhecimentos e os "maus" outliers são descobertos com pontos de dados de nível de ruído.

1.5.1 Classificação dos outliers

Em geral, os outliers são classificados como outliers univariados e multivariados.

Outlier univariado: Trata-se de um outlier que só aparece numa variável ou, por outras palavras, numa coluna. Por exemplo, a Tabela 1.1 mostra a coluna de salário, na qual $6000 parece ser um valor atípico. Porque o intervalo se desvia de outros valores mencionados na coluna do salário.

Outliers multivariados: Em contraste com o outlier univariado, este outlier ocorre na combinação de duas variáveis (bivariada) ou mais variáveis (multivariada). Os outliers multivariados são possíveis num espaço *n-dimensional*. Quando o valor de *n* é superior a três, é muito difícil de o imaginar ou visualizar. Por conseguinte, é necessário treinar o modelo. Quadro 1.2

Tabela 1.1 Outlier univariado

Pay ($)
200
300
250
350
315
230
6000

mostra os outliers bivariados. Os dados presentes na coluna do ordenado (200) podem não parecer um outlier, mas quando são associados à coluna da idade (50), determinam que se trata de um outlier.

Tabela 1.2 Outlier bivariado

Idade	Salário ($)
50	200
25	300
30	250
28	350
35	315
26	230

1.5.2 Causas dos valores anómalos

As causas dos valores atípicos têm algumas razões comuns, como se segue:

- Erros no processamento de dados
- Erros na introdução de dados
- Erros experimentais
- Erros intencionais
- Erros de medição
- Erros naturais
- Erros de amostragem

1.5.3 Tipos de outliers

De acordo com o ambiente, os valores atípicos são classificados em três tipos. São eles os outliers globais, os outliers contextuais e os outliers colectivos.

- Tipo 1 - Anomalias globais: Um outlier global ou anomalia pontual é um objeto de dados que se destaca de outros objectos num conjunto de dados. Por exemplo, num sistema de deteção de intrusões, a difusão de mensagens num curto período de tempo é considerada uma anomalia global e suspeita-se que a máquina foi pirateada. Suponhamos que, num sistema de negociação, as transacções que não cumprem a regra são também conhecidas como anomalias globais e devem ser retidas para análise posterior.

- Tipo 2 - Outliers contextuais: O segundo tipo é designado por outlier contextual, também designado por outlier condicional. Este tipo de anomalias existe apenas num determinado contexto. Por exemplo, a temperatura registada a *28°C* em Chennai é anormal durante o inverno, mas parece ser normal durante o verão. As anomalias contextuais ou condicionais ocorrem quando algo muda apenas num determinado dia ou num contexto específico. A razão para isso é que os objectos de dados estão limitados a um contexto específico com dois atributos, tais como atributos contextuais e comportamentais. No exemplo, a temperatura é contextual com base no local e na data e comportamental relativamente à pressão e à humidade. Este método é a generalização dos outliers locais que detectam outliers com base na densidade. Acontece dentro da região local onde ocorre. Os outliers globais consideram todo um conjunto de dados como um contexto que contém atributos contextuais vazios.
- Tipo 3 - Excedentes colectivos: O grupo de objectos desvia-se de todo o conjunto de dados e forma outliers colectivos. Por exemplo, o departamento de aprovisionamento lida com milhares de encomendas e transacções por dia. Se algum dos envios estiver atrasado, é geral. Uma vez que um atraso mínimo é comum e aceitável, se mais de 100 encomendas sofrerem atrasos de uma só vez, isso resulta numa alteração drástica que forma outliers colectivos. Se um sistema informático gerar uma mensagem de negação de serviço não é um problema. Mas o grupo de sistemas que envia mensagens de recusa de serviço uns aos outros indica pirataria informática, o que resulta em valores anómalos colectivos. Noutro exemplo, se uma transação típica de acções entre duas partes parecer normal, mas um grande volume das mesmas acções trocadas entre pequenas partes num curto espaço de tempo pode ser visto como um caso anómalo coletivo. A atividade comercial invulgar pode
apontam para uma manipulação desonesta da bolsa por parte de certas pessoas.

Em geral, os outliers globais são simples e fáceis de detetar. Os outliers contextuais necessitam de dados de base baseados em atributos como o contexto e o comportamento. Os outliers colectivos também necessitam de dados de base para estabelecer uma relação entre os objectos e formar grupos.

1.5.4 Necessidade de encontrar e eliminar os valores anómalos

Os potenciais valores atípicos num conjunto de dados devem ser identificados, uma vez que podem evidenciar dados falsos. Pode dever-se ao facto de uma experiência não ter sido executada corretamente ou de a codificação não ter sido feita de forma adequada. Devido a uma variação aleatória ou por outros motivos, pode indicar algo cientificamente interessante (Saxena *et al.*, 2017). As abordagens máximas de extração de dados abandonam os outliers, pelo contrário, em algumas aplicações, como a descoberta de fraudes, as ocorrências raras podem gerar mais interesse do que as ocorrências comuns. Consequentemente, o estudo das anomalias revela-se importante. As numerosas estratégias que estão atualmente a ser estudadas são todas gerais.

É necessário eliminar dados imprecisos ou incorretamente medidos, uma vez que se trata de um valor atípico. Por exemplo, o peso de uma mulher foi registado como 19 lbs num conjunto de dados. Esse peso específico, por outro lado, parece improvável. O peso genuíno será possivelmente 91, 119 ou 190 libras, mas o peso exato da mulher é desconhecido. Isto também se refere a uma situação em que um facto conhecido não é exatamente igual à expetativa.

1.5.5 Identificação de valores anómalos

Nenhum dado pode ser deixado de fora só porque foi identificado como anómalo. Uma vez identificados, devem ser objeto de um exame mais aprofundado para garantir a razão da sua existência. A não ser que sejam considerados um erro devido a provas adequadas, devem ser geralmente mantidos como parte do conjunto de dados (Fong *et al.*, 2021). Muitos testes estatísticos defendem que os valores aberrantes resultantes de irregularidades podem ser removidos, por outro lado, alguns testes estatísticos também exigem a remoção de valores aberrantes que não representam exatamente a população em geral. A ocorrência de outliers pode impedir a utilização de alguns métodos estatísticos em geral (Salgado *et al.*, 2016).

Os métodos de avaliação eficazes para identificar potenciais valores atípicos são os boxplots e os gráficos de probabilidade. Um único desvio potencial pode ser avaliado utilizando o teste de Dixon (Janssens *et al.*, 2009). Se se esperar mais do que um valor atípico, cada um deve ser examinado individualmente, começando pelo intervalo extremo mais baixo e passando para o intervalo extremo seguinte até se confirmar a existência de um valor atípico. A técnica de Rosner pode detetar vários valores atípicos em conjuntos de dados com valores superiores a 20.

1.6 Deteção de valores atípicos

Por vezes, a deteção de valores atípicos é também designada por deteção de anomalias. O processo de identificação de coisas, ocorrências ou observações invulgares que levantam questões por se desviarem grandemente da corrente estatística principal é conhecido como deteção de anomalias (Wahid e Rao, 2021). A deteção de valores atípicos procura encontrar tendências nos dados que se desviam do padrão previsto. É frequentemente utilizada numa série de aplicações, incluindo a vigilância militar de operações inimigas, a deteção de intrusões de cibersegurança, a deteção de fraudes com cartões de crédito, a deteção de fraudes com seguros de cobertura ou de cuidados de saúde e a descoberta de defeitos em equipamentos de segurança, uma vez que podem ser transformados em informações utilizáveis para diversos fins.

Um tráfego de rede invulgar indica que um sistema corrompido está a transferir informações sensíveis para um destinatário não autorizado (Kamble e Doke, 2017). Uma imagem de ressonância magnética (MRI) distorcida pode sugerir a presença de tumores malignos. Leituras de sensores consistentes podem indicar uma avaria grave na nave espacial, enquanto as anomalias nas transacções com cartões de crédito podem revelar detalhes de cartões de crédito ou sinalizar fraude de identidade (Bhatt *et al.*, 2016).

1.6.1 Deteção de outlier utilizando clusters

A deteção de anomalias com base em clusters (CBOD) é um método em duas fases para encontrar anomalias no conjunto de dados. A primeira fase inclui a formação de clusters para um determinado conjunto de dados, e a segunda fase calcula o fator de outlier como a soma ponderada das distâncias entre um cluster específico e os outros clusters (Tang e He, 2017).

Uma técnica para identificar actividades suspeitas envolve a utilização de redes Bayesianas dinâmicas e agrupamento para reunir padrões estruturais transaccionais e comparar índices de irregularidade em contradição com um limiar para categorizar a operação como habitual ou

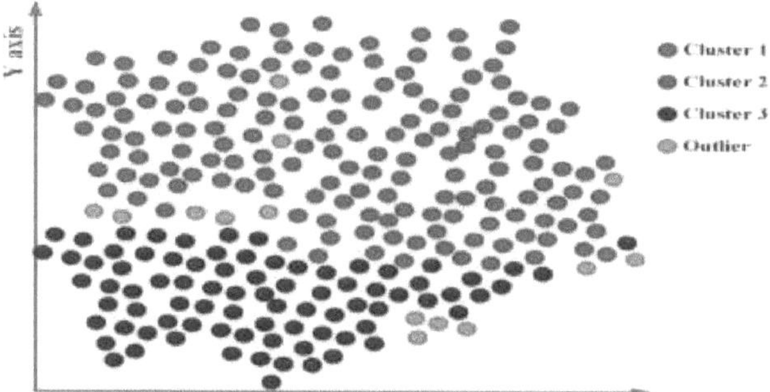

Eixo X

Fig. 1.3 Deteção de outlier baseada em clusters

invulgar (Hela *et al.*, 2018). Para classificar os desenhos comportamentais transaccionais perigosos, o novo algoritmo Cluster-Based Local Outlier Fator (CBLOF) combina clusters não confirmados baseados na distância e algoritmos de fator de outlier local (Domaiiski, 2020). A figura 1.3 mostra a representação visual da identificação de factores atípicos baseada em clusters. É possível dividir os dados em grupos com objectos semelhantes utilizando esta estratégia. Pensa-se que os valores atípicos se comportam de uma de três formas: não se enquadram em nenhum grupo, enquadram-se em grupos muito pequenos ou enquadram-se num grupo que define o comportamento atípico.

1.6.2 Deteção de valores atípicos utilizando classificadores

A classificação seria um método utilizado na aprendizagem automática e faz parte da aprendizagem supervisionada. O termo "classificador" refere-se a qualquer técnica que efectue a classificação. Os dados disponíveis são classificados como normais e anómalos quando é detectada uma anomalia. Alguns dos métodos de deteção de anomalias são:

- Máquina de Vectores de Suporte: Uma máquina de vectores de suporte (SVM) é uma abordagem de correspondência de padrões proeminente no processamento de dados. A SVM é também frequentemente utilizada em algoritmos de deteção de intrusões. A SVM funciona com uma única classe de amostras, mas as redes neuronais podem adotar conjuntos de dados de amostras negativas e positivas. Foi identificado no KDD que o SVM superou as redes neuronais em termos de probabilidade de erro e eficiência quando se tratava de ameaças múltiplas.
- Algoritmo Genético: Surgiu inicialmente na área da bioinformática. Estão incluídos no algoritmo evolutivo. Os dados de auditoria da rede geram um conjunto de regras de classificação através da aplicação de um algoritmo genético no sistema de deteção de intrusões. Para avaliar o valor de cada regra, o modelo de confiança de suporte é utilizado como função de aptidão. Os aspectos essenciais de um algoritmo genético são a sua tolerância à distorção e a capacidade de auto-aprendizagem.
- Rede Naive Bayes: A ideia subjacente aos processos é que algumas variáveis podem ser influenciadas por outras. Para investigar a relação estrutural entre as variáveis explicativas de um problema, pode ser utilizado um gráfico estatístico conhecido como redes Bayesianas ingénuas (NB). A RN pode ser representada através de um gráfico acíclico dirigido (DAG), em que os nós representam variáveis e as ligações indicam o impacto de um nó sobre outro. Em comparação, as árvores de decisão produzem uma maior precisão, embora as redes Bayesianas necessitem de menos tempo para serem calculadas. O método naive-Bayesian é

preferível para conjuntos de dados maiores.

- Árvore de classificação: É também designada por árvore de decisão. ID3 e C4.5 são dois métodos de classificação comuns. A árvore de decisão pode ser construída de duas formas: de cima para baixo ou de baixo para cima. É semelhante a um fluxograma em que os nós representam propriedades, os ramos representam resultados e as folhas representam a classe do objeto específico. Quando comparada com Naive Bayes, a árvore de decisão produz os resultados mais exactos.

1.6.3 Abordagem baseada na distância

Um outlier baseado na distância baseia-se no conceito de vizinhança de um ponto, particularmente os seus k-vizinhos *mais próximos*. Os outliers baseados na distância são os pontos para os quais existem menos de *k* pontos dentro da distância no conjunto de dados de entrada. A técnica baseada na distância não fornece a informação necessária relativamente à pontuação de identificação de outliers, mas é utilizada para definir uma pontuação preferida da variável. Os outliers são considerados como os *n* pontos superiores cuja distância ao seu k-ésimo vizinho mais próximo é maior. O método baseado em partições funciona da seguinte forma: Primeiro, utilizam a técnica de agrupamento para separar os pontos de entrada e, em seguida, removem a separação que não contém um outlier, que é utilizada para encontrar outliers. Este método baseado na distância funciona eficazmente a baixas magnitudes devido à escassez de localizações de elevada dimensão. À medida que as magnitudes aumentam, o efeito e a precisão do método diminuem (Cateni *et al.*, 2013).

1.6.4 Métodos baseados em desvios

Os valores anómalos são os itens de um conjunto de dados que "diferem" das propriedades principais examinadas por vários métodos baseados em desvios, que são discutidos abaixo.

1.6.4.1 Métodos baseados na densidade

A técnica baseada na densidade procura valores atípicos em regiões de baixa densidade da distribuição da densidade dos dados. A cada ponto é atribuído um Local Outlier Fator (LOF) com base na densidade local da sua envolvente, que é decidida pelo número mínimo de pontos. Para resolver a dificuldade de determinar valores para MinPts (Pontos Mínimos), a Integral de Correlação Local (LOCI) emprega uma técnica estatística baseada em valores nos próprios dados. As técnicas baseadas na densidade têm a vantagem de poderem detetar valores anómalos que não seriam detectados por técnicas com um critério único e global. Por outro lado, os dados em regiões de elevada dimensão são normalmente restritos, o que torna difícil a utilização de técnicas baseadas na densidade.

1.6.4.2 Deteção e previsão de valores anómalos baseada em regras / supervisionada

A deteção de anomalias pode ser efectuada através de técnicas de reconhecimento de padrões baseadas em regras ou supervisionadas. O desenvolvimento de sistemas baseados em regras começa com a definição de regras específicas que caracterizam uma irregularidade utilizando limiares e restrições. Normalmente, baseiam-se no conhecimento de peritos do sector e são eficazes na deteção de "anomalias conhecidas". Um dos principais problemas dos sistemas baseados em regras é o facto de não responderem automaticamente à evolução das tendências. Sempre que é necessário aprender uma nova forma, é necessário construir um novo modelo com dados rotulados. Por conseguinte, estes modelos não são adequados para dados operacionais. Além disso, a própria técnica de classificação de dados pode ser demorada, propensa a erros e resultar numa má construção do modelo.

Como as circunstâncias comerciais do mundo real são complexas e repletas de incertezas, nem tudo correrá como planeado. A Deteção de Anomalias baseada em regras é ineficaz para algo que é fora do comum ou que ainda não foi divulgado. Os algoritmos de descoberta baseados em aprendizagem automática não verificados/semi- supervisionados são os melhores nestas situações.

Os algoritmos de aprendizagem automática comparam a sua previsão com a nova entrada com cada novo ponto de dados métricos para verificar se a expetativa é exacta ou não (Fong *et al.*, 2021). O resultado é um simples "sim" ou "não". Trata-se de uma abordagem inteligente para presumir e prever anomalias "desconhecidas" utilizando um mecanismo de raciocínio mais preciso antes da ocorrência do evento. A prática forense para os bancos privados inclui os seguintes registos de auditoria de transacções, de acordo com as estratégias do Reserve Bank of India (RBI) para marcar transacções invulgares.

O método baseado na ontologia é introduzido para detetar transacções apreensivas com base num conjunto de regras da Linguagem de Regras da Web Semântica (SWRL) e no conhecimento do domínio (Khan *et al.*, 2016). O método baseado na rede Bayesiana foi também utilizado para atribuir e calcular a pontuação do comportamento comercial do cliente de acordo com o histórico de transacções. O sistema alerta se for encontrada uma transação digna de nota no histórico de transacções do cliente e no seu comportamento atual. O sistema utilizou um mecanismo baseado em regras para detetar agressões na rede, rácios de probabilidade, informações relacionais e uma componente de aprendizagem conjunta para recolher provas de comportamento financeiro, assinalar a empresa como suspeita e emitir um alerta.

1.6.5 Deteção de valores atípicos através de inteligência artificial

Um dos principais objectivos da IoT industrial é utilizar a inteligência artificial para identificar comportamentos anómalos num conjunto de dados. Segue-se o procedimento de deteção de anomalias através da inteligência artificial: A fase inicial consiste em fornecer dados ao sistema de IA. A segunda fase consiste em criar modelos de dados para os dados fornecidos. Em seguida, os valores anómalos são comunicados quando alguma das transacções se desvia do modelo indicado. Um perito no domínio certifica a variação como uma anomalia. Para criar previsões futuras, o sistema aprende com a ação e adiciona-a ao modelo de dados. O sistema continua a recolher padrões com base nos critérios estabelecidos. Os sistemas de deteção de anomalias baseiam-se em abordagens de aprendizagem automática supervisionadas ou não supervisionadas.

1.6.6 Deteção de valores extremos com conjuntos aproximados

Os conjuntos aproximados não necessitam de qualquer informação preliminar ou adicional para processar os dados, mas a informação incompleta é processada com base no conceito de aproximação. A motivação para a teoria dos conjuntos aproximados é representar o universo em termos da relação de equivalência. Algumas das operações, como a topológica, a interior e a de fecho, definem os conjuntos aproximados de aproximações. Utilizando uma função de afiliação aproximada, podem ser identificados outliers para demonstrar dois conjuntos de dados disponíveis publicamente. A abordagem dos conjuntos aproximados mostra uma associação clara entre incerteza e imprecisão. A imprecisão está associada a conjuntos (conceitos), enquanto a incerteza está associada a conjuntos de elementos.

- *Classificação aproximada*: A Figura 1.4 mostra o sistema de classificação aproximada. Este sistema inclui uma tabela de informação, um método de redução de atributos e de núcleo, particionamento e geração de regras. A tabela de informação é também conhecida como tabela de decisão, que contém objectos (tuplas) e atributos (campos) com dados não vazios. Além disso, pode incluir atributos condicionais e de decisão. Para evitar a redundância ou a repetição de dados, os valores indiscerníveis ou semelhantes são agrupados com base nas suas caraterísticas ou comportamento. Qualquer união de elementos de um conjunto de dados define um conjunto nítido, enquanto o conjunto de união por vezes não ocorre como um conjunto nítido, pelo que se diz que é aproximado ou vago. Alguns dos atributos que são removidos do conjunto de dados sem afetar as suas propriedades essenciais são conhecidos como redução de atributos. O núcleo é uma intersecção de todas as reduções, que remove um subconjunto de elementos significativos. O particionamento fornece uma classificação de alta qualidade. Transforma o valor contínuo em discreto ou em intervalos para agrupar atributos. O corte associa-se sempre ao discriminante como um par (p, q) em que p representa uma variável contínua e q é o valor de corte utilizado para separar dois subintervalos disjuntos. As regras foram geradas quando os atributos condicionais são satisfeitos e, em seguida, os atributos de decisão são executados e representados através da utilização de "se" e "então". Em seguida, o modelo do classificador foi construído para treinar o conjunto de dados e, depois disso, foi utilizado, ou seja, testado com amostras de entrada.

- *Agregação aproximada*: Também é semelhante à teoria dos conjuntos aproximados baseada em aproximações inferiores e superiores. A aproximação inferior do agrupamento aproximado indica que o objeto deve pertencer apenas a esse agrupamento específico e a aproximação superior do agrupamento aproximado indica que os objectos também podem ser membros de outros agrupamentos. O algoritmo de agrupamento deve seguir as propriedades dos conjuntos aproximados, uma vez que o objeto

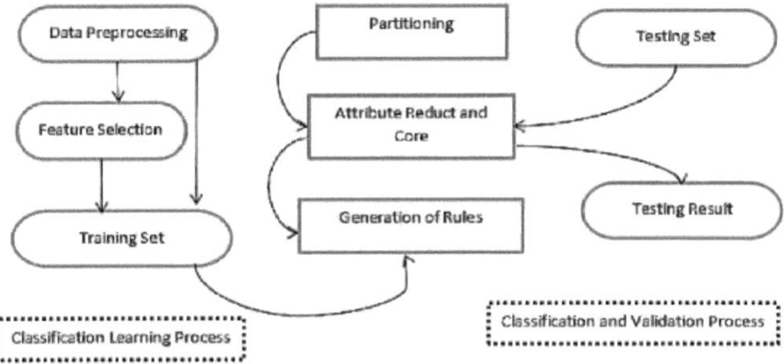

Fig. 1.4 Classificação do Roughset

deve ser membro de uma aproximação inferior, no máximo, e os intra-aglomerados podem ter objectos também em aproximações superiores e inferiores.

1.6.7 Deteção difusa de outlier

Os Crisp sets podem ser utilizados para tratar dados estruturados, que normalmente não contêm quaisquer pontos anómalos. Pode ser difícil processar dados naturais, uma vez que estes perdem frequentemente a sua estrutura e contêm pontos atípicos. O conjunto difuso permite que os componentes tenham um grau de afiliação, ao contrário do seu equivalente difuso (Zadeh, 1965). Por conseguinte, uma variedade de técnicas de extração de dados utiliza a lógica difusa para lidar com informação bruta não estruturada, imprecisa e complexa. Os dados são separados em vários grupos em agrupamentos típicos, em que cada objeto de dados só pode pertencer a um agrupamento. No agrupamento difuso, os pontos de dados podem pertencer a mais do que um agrupamento através da função de associação. Por exemplo, uma maçã pode ser verde ou vermelha no agrupamento típico, ao passo que no agrupamento difuso

uma maçã pode ser parcialmente vermelha ou verde, ou seja, vermelha=0,5 ou verde=0,5 em vez de verde=1 e vermelha=0. Os valores podem estar compreendidos entre 0 e 1 e não correspondem a probabilidades e não devem somar 1.
Uma abordagem de agrupamento difusa bem conhecida é a Fuzzy C-Means (FCM), utilizada numa variedade de indústrias, como a classificação de padrões, a recolha de dados, o processamento de imagens médicas e a deteção de sinais distantes. A técnica Fuzzy *C-Means* considera que cada ponto de dados é membro de um agrupamento no grau indicado por um grau de associação (Hawkins *et al.*, 2002). A abordagem de agrupamento fuzzy *c* -means (FCM) consiste em duas fases: identificação dos centros de agrupamento e atribuição de pontos a esses centros utilizando uma forma de distância euclidiana. Após este procedimento, os centros de agrupamento deixam de ser consistentes.
Utilizando o FCM, uma série de pontos de dados é classificada em grupos difusos. A medida de dissimilaridade é reduzida pelo FCM através da seleção de um centro de agrupamento dentro de cada grupo, ao contrário do *k-means*, que obriga a que cada ponto de dados pertença apenas a um centro de agrupamento (Williams *et al.*, 2002). Um item de dados específico pode pertencer a vários grupos, dependendo da técnica de partição difusa utilizada, com pontuações de associação que variam de zero a um. De acordo com a distância entre o centro do agrupamento e o ponto de dados, será determinada a afiliação de cada ponto de dados a cada centro de agrupamento.
Foi desenvolvido um método não paramétrico baseado no mapeamento auto-organizado (SOM) para a deteção de anomalias como uma forma de inteligência artificial (Nag *et al.*, 2005). Tem o potencial de encontrar anomalias em grandes bases de dados multimodais e oferece detalhes sobre toda a área da anomalia. Utilizando a "auto-organização" e uma abordagem de formação não supervisionada, uma rede neural feed-forward conhecida como SOM organiza as unidades de saída numa representação topológica da informação de entrada. A SOM torna simples a identificação de dados anómalos em várias dimensões com vários graus de impacto, projectando a nuvem de dados multidimensional num plano visualizável de dimensão inferior, mantendo a topologia.
A deteção de valores anómalos no conjunto de dados pode ser significativa, uma vez que torna o desempenho do sistema mais lento. A maior parte dos métodos de extração de dados considera os valores anómalos como anomalias ou ruído. Existem várias abordagens para a deteção de anomalias em dados numéricos. Mas não conseguem detetar anomalias quando os atributos são de tipo misto e dinâmico, dois conjuntos de dados universais, um conjunto multi-granular e um conjunto neutrosófico. Os métodos propostos detectam bem os outliers para vários sistemas de informação e melhoram o desempenho do sistema. O objetivo da tese e a organização da tese são discutidos nas Secções 1.7 e 1.8.

1.7 O objetivo da tese

A investigação tem como principal objetivo identificar os outliers utilizando um método de deteção de outliers baseado na densidade ponderada e na entropia aproximada. Os objectivos do estudo são a identificação de outliers em sistemas de informação dos seguintes tipos

- Universo Único Granulação Única
- Granulação simples de dois universos.
- Universo Único Granulação Múltipla
- Conjuntos neutrosóficos de universo único

1.8 Organização da tese

A tese inclui sete capítulos que descrevem as metodologias propostas para a deteção eficaz de outliers utilizando técnicas de soft computing.

Chapter 1 descreve a introdução à deteção de valores atípicos e explica os vários tipos de valores atípicos e os métodos de deteção de valores atípicos num conjunto de dados.

Chapter 2 inclui um levantamento de várias investigações relacionadas com a deteção de valores atípicos e enumera os inconvenientes encontrados na literatura.

Chapter 3 examina várias estratégias de deteção de valores atípicos. Neste capítulo, é proposta uma técnica de deteção de valores aberrantes baseada na técnica de relação de proximidade difusa, que é comparada com os algoritmos de deteção de valores aberrantes existentes.

Chapter 4 sugere uma estratégia para a deteção de valores atípicos utilizando uma abordagem fuzzy intuicionista em dois conjuntos universais.

Chapter 5 apresenta os pormenores da abordagem do conjunto aproximado multi-granular para a deteção de valores atípicos. Para além da teoria dos conjuntos aproximados, a abordagem de deteção de valores atípicos por densidade ponderada também é utilizada para encontrar a incerteza do conjunto de dados.

Chapter 6 centra-se na deteção de valores anómalos em conjuntos de dados neutrosóficos. O desempenho da técnica proposta é então avaliado utilizando um conjunto de dados de filmes neutrosóficos.

Chapter 7 inclui a conclusão do trabalho de investigação. Além disso, as ideias-chave para alargar o trabalho de investigação são discutidas no âmbito do futuro.

Capítulo 2

REVISÃO DA LITERATURA

2.1 Revisão da literatura

Uma descrição detalhada do outlier e das várias técnicas de deteção de outliers é apresentada no capítulo anterior. A forma mais cómoda de detetar um outlier é através da criação de um gráfico. Por conseguinte, são analisadas nesta literatura numerosas abordagens baseadas em gráficos para a deteção de valores atípicos. Alguns dos métodos mais populares de deteção de valores atípicos são o Z-Score ou a análise de valores extremos, a modelação probabilística e estatística, os modelos de regressão linear, os modelos baseados na proximidade, a deteção espacial de valores atípicos, o modelo da teoria da informação e os métodos de deteção de valores atípicos de elevada dimensão. Esta literatura também examina o estudo de métodos de deteção de valores atípicos baseados em conceitos de conjuntos aproximados e difusos.

2.2 Revisão baseada em Detecting Outliers

Os valores atípicos têm a caraterística única de formar pequenos grupos no conjunto de dados, e os seus padrões podem ser detectados através das suas distribuições nos próprios conjuntos de dados. Numa vasta gama de aplicações, encontrar um outlier em dados de fluxo contínuo tornou-se um desafio fundamental, incluindo a descoberta de fraudes, a investigação de redes e a monitorização ambiental. O mascaramento é uma questão importante na deteção de outliers. O mascaramento refere-se à noção de que os outliers podem tentar misturar-se com distribuições estabelecidas, tornando-os difíceis de detetar. Para evitar um ataque de mascaramento, é fundamental remover um outlier após a conclusão de uma deteção de outlier. A identificação de valores atípicos tem como objetivo não só reduzir o ruído, mas também descobrir objectos intrigantes na base de dados que se desviam significativamente da maioria, fornecendo assim novas perspectivas. As aplicações da deteção de anomalias são discutidas na secção 2.2.1 e uma análise baseada na abordagem da deteção de anomalias é discutida na secção 2.2.2.

2.2.1 Aplicações - deteção de anomalias

- *Hacking*: Deteção de quaisquer comportamentos anormais que possam implicar que as redes ou o sistema estão a ser ameaçados por pessoas que tentam entrar ou piratear um sistema.
- *Deteção de fraudes*: As actividades fraudulentas podem ter lugar em sectores comerciais como os bancos, as empresas de cartões de crédito, as companhias de seguros, as empresas de telemóveis, as bolsas de valores, etc. Quando as pessoas utilizam indevidamente os recursos que as empresas disponibilizam, ocorre uma fraude. Para evitar perdas financeiras, as empresas estão interessadas na identificação imediata de actividades fraudulentas.
- *Cuidados de saúde*: Os métodos de deteção de valores atípicos são utilizados em diagnósticos médicos para diagnosticar a doença numa fase inicial, evitando que progrida para uma doença grave e potencialmente fatal. A deteção de valores atípicos é fundamental para o diagnóstico de certos tipos de cancro.
- *Processamento de imagens*: Os valores anómalos podem ser identificados utilizando os atributos da imagem como a cor, a textura, o brilho e a coordenada do pixel que se desviam dos padrões normais. Os métodos de agrupamento e filtragem também são utilizados para determinar a qualidade dos fragmentos de imagem.
- *Sensores*: Um conjunto de sensores especializados com capacidades de comunicação que observam e comunicam as alterações que ocorrem devido a factores ambientais como a

concentração química, o nível de poluição, a intensidade do som, as vibrações, a humidade e a pressão em vários locais.

Além disso, foi feita uma análise da deteção de valores atípicos utilizando métodos de extração de dados. As vantagens e desvantagens dos diferentes métodos de deteção de valores atípicos são apresentadas no quadro 2.1.

2.2.2 Análise baseada na abordagem de deteção de valores anómalos

Considere um cenário em que o comportamento esperado e o intervalo típico foram estabelecidos. Devido aos seguintes factores, este cenário pode tornar-se complicado.

- Há uma boa hipótese de o comportamento normal continuar a mudar e de não ser uma boa representação da realidade no futuro.
- Limites inconsistentes entre comportamentos anómalos e regulares.

Tabela 2.1 Estudo sobre diferentes métodos de deteção de valores atípicos

Não.	Método de deteção de outlier	Vantagens	Desvantagens
1	Descrição dos dados do vetor de suporte (SVDD)	Detecta bem os valores atípicos em amostras de menor dimensão e produz resultados eficazes para conjuntos de dados mais complexos e esparsos.	Se as dimensões das amostras forem maiores, a deteção de valores atípicos é difícil.
2	*k* significa agrupamento	Mesmo que o conjunto de dados seja enorme, a deteção de valores atípicos é possível	Geralmente, os valores anómalos devem ser eliminados, mas neste método, os valores anómalos formam um grupo separado.
3	Deteção Multivariada de Excedentes (MOD)	Detecta valores anómalos (de *n* caraterísticas) num espaço *n-dimensional.*	Encontrar distribuições no espaço n-dimensional é difícil, pelo que seria necessário treinar o conjunto de dados.
4	Fator local de anomalia (LOF)	O ponto com a distância mais pequena é considerado um outlier em relação ao cluster, que se encontra num nível mais denso.	O valor limite será fixado para detetar valores anómalos. A fixação do valor limite será baseada no problema e no utilizador.
5	Particionamento em torno de medóides (PAM)	Quando comparado com outros algoritmos de partição disponíveis, os valores aberrantes são menos visíveis no método PAM	A escolha de *k* medoids é aleatória; dá um resultado diferente para o mesmo conjunto de dados.
6	Método de retropropagação	Não é necessário um conhecimento mais aprofundado dos dados.	Particularmente sensível a dados ruidosos.
7	Rough *k* Means (RKM)	O método da densidade ponderada utiliza a função Gaussiana para detetar	Ao separar objectos que se sobrepõem entre clusters, a abordagem é suscetível.

		valores anómalos num conjunto de dados vago.	
8	Entropia bruta *k* médias (ERKM)	Efetivamente, os outliers são removidos, o que resulta na formação de clusters de qualidade.	A seleção do centro de gravidade é aleatória com base no método Rough *k* means (RKM)

- O ruído dos dados que se assemelha a valores anómalos reais dificulta a sua deteção e eliminação.
- O ruído nos dados assemelha-se a verdadeiros outliers, tornando difícil reconhecê-los e eliminá-los.

Devido aos cenários acima referidos, os objectos anómalos ou normais não podem ser fixados, mas variam ou evoluem ao longo do tempo. Com base nas suas caraterísticas, os outliers são classificados em três tipos

- Outliers ST (Spatially and Temporally Inconsistent Outliers): Os outliers ST são observações que se desviam significativamente dos resultados registados ao mesmo tempo ou em locais próximos.
- Outliers de baixa variância (LV-Outliers): Quando comparado com locais próximos, este tipo de outlier tem uma variância extremamente baixa nas séries cronológicas.
- Anómalos periódicos (P-Outliers): Estes valores anómalos surgem a cada 24 horas, em média, as fontes de luz envelhecem e o ambiente muda, e a precisão de alguns equipamentos pode diminuir com o tempo. Esses instrumentos devem ser calibrados regularmente. Por outro lado, as actividades de calibração podem interferir com as observações, resultando na introdução de valores aberrantes nos registos de medição em linha.

Os métodos de deteção de valores aberrantes de baixa dimensão disponíveis não são adequados para dados de alta dimensão. A conhecida máquina de vectores de apoio não fornece resultados precisos quando a dimensão dos dados aumenta. O algoritmo de pesquisa de pardal melhorado optimiza os parâmetros SVM e a máquina de vectores de apoio é então utilizada para detetar valores atípicos (Kou *et al.*, 2023).

Em comparação com todas as abordagens anteriores, a deteção de valores aberrantes baseada na flutuação obtém uma complexidade temporal linear baixa e descobre valores aberrantes inteiramente com base na ideia de flutuação sem utilizar qualquer métrica de distância, densidade ou isolamento (Du *et al.*, 2023). Primeiro, transforma os conjuntos de dados de estrutura euclidiana em grafos utilizando ligações aleatórias e, em seguida, propaga o valor da caraterística com base na ligação do grafo. Por fim, ao comparar a diferença de flutuação entre um objeto e os seus vizinhos, o método de deteção de anomalias baseado na flutuação identifica o objeto com a maior diferença como anomalia.

Nos últimos anos, as estratégias baseadas na aprendizagem profunda superaram a aprendizagem automática e as abordagens básicas para a identificação de valores atípicos em dados de fluxo contínuo, que são conjuntos de dados grandes e complicados. No entanto, devido à natureza dinâmica e às flutuações das aplicações e dos dados do mundo real, é difícil estabelecer um modelo eficaz e aceitável para a identificação de valores atípicos. Por isso, Gera (2023) propôs um modelo de rede neural profunda para a deteção de valores atípicos em dados de fluxo contínuo. Para aumentar a abstração e as capacidades das caraterísticas, o modelo é construído com vários níveis ocultos. A técnica baseada na aprendizagem profunda sugerida oferece uma solução eficaz e rápida para a deteção de anomalias em dados de fluxo contínuo em tempo real.

A maioria das abordagens actuais baseia-se em dados estáticos, mas no caso dos fluxos de dados, estes métodos são computacionalmente ineficientes e necessitam de grandes quantidades de memória de armazenamento (Dani *et al.*, 2022). Isto deve-se ao facto de o fluxo de dados ser um conjunto de dados gerado em tempo real e necessitar de processamento de dados em tempo real. Muitas análises de regressão utilizam a técnica dos mínimos quadrados recursivos e o método de identificação de valores aberrantes é conhecido como deteção supervisionada de valores aberrantes.

A técnica de deteção de anomalias por factores locais tem vários inconvenientes, como o facto de o valor de k ter um grande efeito na precisão da deteção. A seleção do valor k utiliza geralmente a abordagem experimental, que demora muito tempo a calcular. Consequentemente, a seleção adaptativa do valor k para detetar anomalias é utilizada para melhorar a precisão e a velocidade de cálculo (Huo *et al.*, 2022).

Nas secções seguintes do Capítulo 2 são abordados alguns métodos para encontrar valores atípicos.

2.3 Z-Score ou análise de valores extremos

A análise de valores extremos é o tipo mais fundamental de deteção de valores atípicos e funciona bem com dados unidimensionais. De acordo com este método, os valores anómalos são definidos como resultados que são demasiado grandes ou demasiado pequenos. Os problemas que consideram valores extremos (ou seja, aqueles que se desviam da norma) são designados por problemas de valores extremos. Estes problemas consideram a distribuição dos valores extremos de uma população, por exemplo, a semelhança máxima ou a distância mínima. É análogo a um teorema do limite central. As distribuições de valores extremos são as distribuições restritas que se desenvolvem para os valores mais altos ou mais baixos, com base num grande número de pontos de dados de qualquer distribuição.

Quando ocorre o mascaramento, os valores anómalos podem ser vizinhos. As pontuações Z baseadas no desvio absoluto mediano devem ser derivadas (Bae e Ji, 2019). Os valores anómalos são removidos do intervalo de medição utilizando um método de corte inicial, seguido de uma técnica de deteção de valores anómalos que utiliza pontuações Z modificadas com base no desvio absoluto mediano de um estimador robusto.

A teoria dos valores extremos e os métodos do fator local de aberrações foram utilizados para encontrar aberrações ou pontos de dados aberrantes. A análise do valor extraordinário avalia a invulgaridade de cada ponto aberrante numa configuração univariada (Heijmans e Zhou, 2019). Numa situação multivariada, a abordagem do fator aberrante local identifica os valores aberrantes através da análise da divergência local de um ponto de dados em relação aos seus vizinhos. Esta técnica revelou o maior número de valores atípicos no início e no fim do mês civil, quando o volume de negócios era significativamente mais elevado do que noutros dias.

Nathaniel (2020) criou um novo teste para identificar outliers com base na teoria generalizada de valores extremos. Utilizando o método de bootstrapping, foram obtidos dois resultados. O primeiro resultado sugere que o teste de valores extremos generalizados de outliers tinha melhor poder do que o teste de Grubb quando a distribuição subjacente era normal. O segundo resultado mostrou que o novo teste tem um bom desempenho mesmo quando as distribuições subjacentes não são gaussianas. De facto, o teste de valores extremos generalizados rejeita a hipótese nula a uma taxa inferior ao nível de significância. Este resultado é robusto para várias distribuições não normais e para o tamanho da amostra.

2.4 Deteção espacial de anomalias

Um outlier espacial é uma observação única ou uma instabilidade local que se desvia consideravelmente na sua vizinhança imediata, mas não necessariamente em toda a amostra. Os valores dos atributos não espaciais dos elementos espaciais diferem significativamente dos valores dos seus vizinhos espaciais. Os outliers espaciais são amostras de dados com valores de atributos não espaciais consideravelmente diferentes dos seus vizinhos espaciais.

Para descobrir vizinhos espaciais, foram desenvolvidas várias abordagens, incluindo k-NN (k-Nearest Neighbour), Self-Organizing-Map (SOM) e algoritmos baseados em gráficos (Zheng *et al.*, 2017). Em seguida, para comparar as amostras com os seus vizinhos, foram utilizadas outras medidas estatísticas, como a distância de Mahalanobis, a medida baseada no Local Outlier Fator (LOF) e a Generalized Local Statistical Approach for Spatial Outlier Detection (GLSA-SOD). No entanto, todos estes algoritmos utilizam simplesmente a informação espacial para localizar os vizinhos. Neste caso, foram acrescentados atributos contextuais adicionais para ajudar a descobrir vizinhos mais exactos.

Os métodos existentes tinham o inconveniente de reconhecer incorretamente objectos normais como anomalias espaciais quando a sua envolvente incluía anomalias espaciais. Para resolver este problema, foram criadas abordagens de identificação de objectos anómalos espaciais (Lu *et al.*, 2003). O problema da deteção de anomalias espaciais é formulado e os algoritmos são concebidos de uma forma geral para detetar anomalias. Além disso, utilizando um conjunto de dados de recenseamento do mundo real, é demonstrado que esta estratégia pode não só evitar a deteção de falsos outliers espaciais, mas também encontrar verdadeiros outliers espaciais que os métodos anteriores não detectaram.

O método de deteção de anomalias temporais (TOD) descobre anomalias temporais com uma taxa de identificação de elevada precisão. No entanto, pode ignorar certos valores anómalos espaciais reais. Além disso, os dados espaciais são essenciais para o reconhecimento de zonas de eventos e áreas anómalas. Consequentemente, a nova abordagem de deteção de valores atípicos espaciais detecta com precisão os nós periféricos e as áreas atípicas num conjunto de dados espaciais (Singh e Lalitha, 2018).

Taha *et al.* (2019) usaram outliers espaciais para identificar inconsistências de objetos, resultando em conhecimento implícito, oculto e interessante que pode ser empregado na tomada de decisões. Para estabelecer a associação espacial de vizinhança, a estratégia única foi descrita como o emprego de pesos do parâmetro mais significativo de itens vizinhos em um conjunto de dados geográficos específicos. As caraterísticas geográficas incluem a distância, o preço e o número de ligações diretas entre itens vizinhos.

Achtert *et al.* (2011) propuseram as abordagens Spatial Local Outlier Measure (SLOM), Spatial Outlier Fator (SOF), Trimmed-mean-approach, Random-Walk-based Outlier Detection e GLSA-SOD para a deteção espacial de outliers. Estes métodos também podem ser utilizados para comparar abordagens de identificação de anomalias não especializadas, como LOF e outras, porque as anomalias globais são, por vezes, também anomalias locais, o que foi especialmente útil para compreender as consequências da localização geográfica real dos dados. Esta técnica de aprendizagem iterativa pode detetar de forma consistente os valores atípicos espaciais com caraterísticas desiguais e resolver as dificuldades de alta dimensão das caraterísticas espaciais utilizando uma estimativa de distância robusta. Os outliers baseados no espaço foram introduzidos por Chandarana e Dhamecha (2015). As vizinhanças espaciais destes outliers são definidas por distâncias euclidianas. Foram desenvolvidos métodos de deteção de outliers espacialmente equilibrados, que tratam os factores não espaciais, como a distância do centro e o comprimento da fronteira aduaneira, mais fortemente do que os atributos não espaciais. Este método tem em conta as relações espaciais e conceptuais entre vizinhos. O método foi introduzido para detetar valores atípicos na recolha de dados espaciais com uma distribuição desigual.

2.5 Modelação probabilística e estatística

Bauder e Khoshgoftaar (2016) desenvolveram uma metodologia universal de identificação de outliers baseada na inferência bayesiana e na programação probabilística. Ao contrário das abordagens de identificação de outliers mais utilizadas, esta metodologia fornece distribuições de probabilidade em vez de apenas valores pontuais. Estas descobertas demonstram que o reconhecimento de outliers, que podem indicar um provável comportamento fraudulento, pode produzir resultados importantes e acionáveis para estudos futuros em especialidades médicas ou utilizando casos reais de investigação de fraude de prestadores de serviços médicos. A programação probabilística pode ser utilizada para criar um modelo de probabilidade que exprima plenamente a incerteza, ou variabilidade, associada a qualquer conhecimento subjacente que explique os dados observáveis.

Para a deteção de anomalias, foram utilizados três métodos estatísticos paramétricos básicos: Rede Bayesiana Dinâmica, Modelo de Mistura Gaussiana (GMM) e Modelo de Markov Oculto (HMM). Liu *et al.* (2020) sugeriram uma nova série de simulações e demonstraram que a abordagem de deteção de anomalias baseada em modelos de distribuição de pseudo-espécies continua a ser eficaz quando se utiliza a abordagem probabilística, embora, quando comparada com a técnica de limiar, a taxa de deteção seja inferior.

2.6 Modelo de Regressão Linear

Utilizando ajustamentos lineares, os dados foram traduzidos para um subespaço de dimensão inferior, tendo sido encontrado o espaço de cada informação que aponta para a aeronave que melhor corresponde ao subespaço, e esta distância foi utilizada para encontrar valores atípicos. A análise de regressão é uma ferramenta estatística para analisar e modelar a relação entre uma variável dependente e uma ou mais variáveis independentes. Neste método, a equação matemática é utilizada para mostrar a relação entre as variáveis. É uma forma de análise preditiva que é utilizada para antecipar e encontrar correlações de efeito causal entre variáveis.

Para cada ponto de dados, o modelo de regressão adiciona um parâmetro de deslocamento médio. Depois disso, o procedimento de regularização foi utilizado para favorecer o vetor esparso de parâmetros de deslocamento médio por She e Owen (2011). Foi criada uma técnica iterativa baseada na limiarização para descobrir o outlier. Uma versão baseada em limiarização forte encontra corretamente os outliers em vários problemas de teste difíceis. Esta abordagem utiliza um único parâmetro de afinação para identificar os outliers e estimar os coeficientes de regressão. A análise de regressão é utilizada em praticamente todos os domínios, incluindo a físico-química, a banca, a farmácia, a bioengenharia, a sociologia e outras disciplinas de estudo (Raj e Kannan, 2017).

A pesquisa de deteção de outliers na análise de regressão linear também pode ser usada em modelos de regressão circular (Alkasadi *et al.*, 2019). É a relação entre mais de duas variáveis circulares usando modelos de previsão circular múltipla. Para detetar a ocorrência de outliers, o modelo tem qualidades precisas e intrigantes. A técnica dos mínimos quadrados ordinários pode ser utilizada para estimar o modelo de regressão linear (Xie *et al.*, 2020) no grupo. Retira uma amostra da coleção ao acaso e reconstrói um modelo de regressão linear de cada vez. Para encontrar valores anómalos, foi calculada a distância de Cook (uma medida para determinar a importância de um ponto dc dados) para cada amostra. Os ensaios utilizaram quatro conjuntos de dados diferentes de categorização de consumidores. Os resultados mostram que o modelo é capaz de remover os valores atípicos e supera os cinco algoritmos actuais de deteção de valores atípicos. Isto significa que a redução dos valores atípicos pode melhorar a exatidão do modelo de classificação qualificado.

2.7 Modelo baseado na proximidade

Se a localidade (ou vizinhança) de um ponto de dados for escassamente habitada, as abordagens baseadas na proximidade classificam-no como um outlier. A proximidade de um ponto de dados pode ser descrita de muitas formas, todas elas ligeiramente diferentes mas suficientemente semelhantes para justificar uma abordagem unificada. As técnicas mais comuns para definir a proximidade para a análise de outliers são as seguintes:

- *Baseado em cluster*: A pontuação do outlier é determinada utilizando critérios como a não pertença de um ponto de dados a qualquer cluster, a distância de outros clusters e o tamanho do cluster.
- *Baseado na distância*: Para quantificar a proximidade, foi utilizada a distância entre um ponto de dados e o seu k-vizinho *mais próximo*. Os valores anómalos foram definidos como pontos de dados com distâncias substanciais entre *os* k-vizinhos *mais próximos*.

A análise de outlier e o número de pontos adicionais dentro de uma região local definida de um ponto de dados foram utilizados para avaliar a densidade local. Estes cálculos de densidade local podem ser utilizados para calcular as pontuações dos outliers. Jiang *et al.* (2019) apresentaram uma abordagem de deteção de outliers baseada na proximidade. Um método baseado na proximidade examina a estrutura do vizinho mais próximo de um determinado item x para avaliar o seu grau de outliers, em que a dimensão da vizinhança adjacente deve ser definida pelos utilizadores. Os utilizadores, por outro lado, têm dificuldade em determinar a dimensão da vizinhança mais próxima. Siegel (2020) propôs um modelo baseado na proximidade, no método Cluster-Based Local Outlier Fator (CBLOF) e na Histogram-Based Outlier Detection (HBOD) para a deteção de anomalias. O sistema gera uma pontuação de anomalia em função da dimensão do agrupamento, bem como da sua distância em relação ao agrupamento maior mais próximo. Os algoritmos de agrupamento são geralmente mais rápidos do que as técnicas do vizinho mais próximo. Trata-se de técnicas não paramétricas cuja execução é supostamente muito rápida.

2.8 Modelo da teoria da informação

O método baseado na teoria da informação tem uma base sólida e produz resultados prometedores, uma vez que se baseia na matemática. A deteção de valores atípicos é considerada um desafio para a otimização. Utiliza-se uma técnica heurística de pesquisa local para localizar os *principais* valores anómalos (Seo, 2006). Para começar, foram escolhidos aleatoriamente k objectos da base de dados. Depois, cada objeto da base de dados foi examinado para substituir o objeto mais inadequado nos k objectos anómalos actuais, a fim de obter a entropia mínima da base de dados. Esta abordagem foi melhorada por Asikoglu (2017), uma abordagem mais rápida em que a entropia do remanescente era minimizada de cada vez que um objeto era retirado da base de dados até serem adquiridos k outliers suficientes. A abordagem para calcular a medida de outlier de objetos foi proposta por

Ivanushkin *et al.* (2019), que combinou a densidade de cada atributo com a relevância dos atributos. Os resultados experimentais do algoritmo mostram que ele encontra outliers de forma eficaz e eficiente.

A teoria da informação analisa a semelhança ou a distância entre dois pontos de dados (Liu *et al.*, 2016). Qualquer métrica pode ser utilizada na identificação de outliers com base na distância, e o cálculo da distância é tratado como uma etapa ortogonal. Esta estratégia foi utilizada para examinar a teoria da informação e produzir muitos conceitos novos. O Outlier Global (GO) e o Outlier Local (LO) foram combinados para determinar o grau de outliers. Esta noção foi utilizada para desenvolver um modelo formal de identificação de outliers baseado na distância, bem como um critério para quantificar a "outlierness" de uma prescrição de um item.

2.9 Método de deteção de valores atípicos em alta dimensão

Os resultados são por vezes insatisfatórios quando se ajusta uma distribuição multimodal com um modelo unimodal usando uma distribuição gaussiana isotrópica, que é frequentemente preservada em dados de alta dimensão. Liao *et al.* (2018) destacaram a ampla aplicabilidade das técnicas de aprendizagem automática e geraram várias abordagens de identificação de outliers na literatura. O número de casos anómalos ou outliers em dados de alta dimensão é substancialmente inferior ao número de instâncias típicas nos dados de treino, colocando problemas devido a distribuições de classe desiguais. A identificação de casos anómalos foi facilitada com a introdução do autoencoder variacional de mistura gaussiana não supervisionado unificado. O modelo de inferência é optimizado em conjunto com o autoencoder variacional, a rede breve profunda e o modelo de mistura gaussiana.

Xu *et al.* (2018) relataram a identificação de outlier para dados de alta dimensão. As métricas de similaridade tradicionais, como a função de distância euclidiana, são frequentemente absurdas em algoritmos baseados em classificação de vizinhos para dados de alta dimensão, fazendo com que os métodos de outlier baseados em distância tenham um desempenho fraco. Dado que a natureza dos dados de elevada dimensão continua a exigir que se tenha em conta a classificação do vizinho mais próximo dos itens, uma adaptação consiste em ter em conta a classificação do vizinho. Nos algoritmos baseados na classificação dos vizinhos, o parâmetro k é crucial, e a escolha do k adequado para diversas aplicações pode ser um desafio. Para ultrapassar este problema, é fornecida uma abordagem heurística para calcular o valor de k, bem como um procedimento iterativo de amostragem aleatória.

A grande maioria destas aplicações ocorre em domínios de elevada dimensão. As estimativas implícitas ou explícitas da distância ou do vizinho mais próximo diminuem com dados de elevada dimensão, o que constitui um estrangulamento das abordagens actuais.

2.10 Revisão sobre a deteção de outliers com base em Fuzzy

O conceito de conjunto difuso era apenas uma extensão do conceito de conjunto clássico ou estaladiço. O conjunto clássico considera apenas um número limitado de graus de associação, como "0" ou "1", ou uma gama de dados com graus de associação limitados. Mas o conjunto difuso considera os valores de associação parciais. Foram realizados muitos trabalhos de investigação para detetar valores atípicos utilizando o conceito difuso. Alguns dos métodos de deteção de valores atípicos baseados em fuzzy são apresentados a seguir:

O agrupamento difuso aproximado C-means é uma abordagem semi-supervisionada que utiliza algumas amostras rotuladas para detetar anomalias no conjunto de dados. A função objetiva, que minimiza a soma do erro quadrático do agrupamento e o desvio dos exemplos rotulados conhecidos, resulta na deteção de valores atípicos. O conjunto fuzzy intuicionista, que é utilizado nas preferências do decisor em situações multi-critério, foi proposto como um novo conceito fuzzy. Em primeiro lugar, foi construído o modelo de função de perda fuzzy intuicionista com base num conjunto fuzzy intuicionista específico. Em segundo lugar, o grau de perda estimado pode ser calculado utilizando valores de associação e não associação, resultando num sistema de classificação de três vias. As decisões óptimas podem ser finalizadas, no que diz respeito aos limiares dos valores de associação e não associação (Zhan *et al.*, 2022).

O modelo de conjunto aproximado multigranulado foi generalizado para conjuntos difusos. Foi discutida a relação única entre o conjunto aproximado difuso e o modelo de conjunto aproximado multigranulado otimista e pessimista. Combinando a ideia de conjunto aproximado de granulação única e conjunto aproximado de granulação múltipla, um conjunto aproximado teórico de decisão Bayesiano foi desenvolvido por Yu *et al.* (2016) usando uma teoria probabilística que converte os parâmetros em conjuntos aproximados. O conceito de aproximação de um conjunto aproximado multi-granulado otimista forma uma grelha. A rede formada não deve ser distributiva e complementada, e é equivalente a um modelo de granulação única. Mas a multi-granulação pessimista forma uma topologia que tem conjuntos abertos-fechados no conjunto de dados disponível e forma uma álgebra booleana normal (Yu *et al.*, 2016).

O conceito difuso é também implementado em sistemas de tomada de decisão multi-atributo (MADM). É uma parte integrante das ciências da decisão modernas (Ye *et al.*, 2021). Refere-se a um problema de decisão que consiste em selecionar a melhor alternativa ou classificar alternativas com base em vários atributos. Cada alternativa será avaliada com base nas preferências do decisor, o que resulta num sistema de decisão difusa incompleto (Zhan *et al.*, 2022). Assim, utilizando a relação de semelhança definida, são determinadas as probabilidades condicionais ponderadas. O conjunto de classificações superiores para cada alternativa será criado e apresentará uma tabela de informação híbrida que inclui uma matriz de decisão multiatributo e uma tabela de função de perda. Uma decisão de três vias foi incluída num sistema de informação de decisão multi-escala, que oferece uma nova abordagem para tratar de questões de decisão multi-atributo num sistema de informação de decisão multi-escala (Wang *et al.*, 2021). Entre as abordagens de deteção de valores atípicos existentes, o sistema de inferência difusa detecta eficazmente os valores atípicos, o que é analisado na secção 2.10.1.

2.10.1 Sistema de inferência fuzzy

Depois de apresentar a regra de inferência de forma linguística, o sistema de inferência fuzzy utiliza o raciocínio natural. Esta estratégia é bastante bem sucedida e pode ser utilizada tanto com conjuntos de dados grandes como pequenos. Os valores anómalos podem ser determinados localizando o centróide que se encontra a maior distância ou mais próximo dos agrupamentos (Jones *et al.*, 2020). Para detetar os valores atípicos, devem ser efectuadas as seguintes operações. Em primeiro lugar, calcular os valores do centróide e utilizar Fuzzy C-Means (FCM) para efetuar operações de agrupamento. O grau de pertença aos clusters é então calculado. O valor da distância do centróide será definido como elevado, médio e baixo, o grau de pertença ao agrupamento será elevado ou baixo, o número de pontos vizinhos pode ser pequeno, médio ou muito pequeno, a distância média pode ser grande ou pequena e o índice de anomalias pode ser elevado ou baixo. A regra de inferência gerada para detetar os outliers é a seguinte

- (distância = elevada) e (pontos vizinhos = muito pequenos) e (grau de afiliação = baixo) e (distância média = grande) =⇒ (índice de anomalias = elevado)
- (distância = média) e (pontos vizinhos = pequenos) e (grau de afiliação = baixo) e (distância média = pequena) =⇒ (índice de anomalias = elevado)
- (distância = baixa) e (pontos vizinhos = médios) e (grau de afiliação = baixo) e (distância média = pequena) =⇒ (índice de outlier = baixo)
- (distância=média) e (pontos vizinhos=muito pequenos) e (grau de filiação=baixo) e (distância média=pequena) =⇒ (índice de outlier=elevado)
- (distância = baixa) e (pontos vizinhos =pequenos) e (grau de filiação = elevado) e (distância média = grande) =⇒ (índice de anomalias = baixo)
- (distância = baixa) e (pontos vizinhos = médios) e (grau de afiliação = elevado) e (distância média = pequena) =⇒ (índice externo = baixo)

2.11 Rough Set e Fuzzy-based Rough Set Theory para Detetar Outliers

A Rough Set Theory (RST) é um subcampo da teoria dos conjuntos que estuda sistemas inteligentes com poucos ou nenhuns dados. É impulsionada pela necessidade de classificação e criação de conceitos no mundo real. A filosofia dos conjuntos aproximados baseia-se na ideia de que tudo no universo está ligado a uma determinada quantidade de dados (conhecimento), que é comunicada através de uma variedade de qualidades que definem os objectos. Com base na informação fornecida, os objectos com a mesma descrição são indistinguíveis (semelhantes). Nos últimos anos, este tema tem merecido muita atenção.

A RST é uma abordagem matemática útil para lidar com dados ambíguos, imprecisão e ambiguidade. A indiscernibilidade, as aproximações grosseiras, a associação grosseira, a dependência de atributos e a redução de atributos são conceitos essenciais na RST. As relações binárias baseadas em atributos separam os pontos do universo num conjunto de classes fundamentais. As aproximações aos limites inferior e superior podem ser utilizadas para caraterizar qualquer ideia pouco clara que seja um subconjunto do universo (Hu *et al.*, 2017). Uma nova definição de outliers baseada na Rough Membership Function (RMF) foi apresentada por Jiang *et al.* (2008) e também foi fornecido um método para detetar outliers.

Utilizando a teoria dos conjuntos aproximados difusos, um método de agrupamento de dados distribuídos proposto por (Mozafari *et al.*, 2020) aborda a questão da privacidade e do custo computacional. Para tal, as ocorrências ambíguas foram primeiro eliminadas e as etiquetas dos restantes casos foram enviadas para um local central. Foi concebida uma nova técnica de ponderação de instâncias baseada na teoria dos conjuntos difusos e rugosos para remover os casos duvidosos.

Os algoritmos típicos de seleção de atributos baseiam-se em conjuntos aproximados, conjuntos aproximados de vizinhança e conjuntos difusos. O algoritmo de redução de atributos de conjuntos aproximados reduz os atributos com êxito, eliminando inconsistências. Senthilnayaki *et al.* (2019) propuseram uma nova abordagem, nomeadamente o método da dependência máxima e da significância máxima, que extrai as caraterísticas relevantes dos dados fornecidos. Além disso, é sugerida uma nova abordagem baseada no método k-Nearest Neighbour para a classificação de conjuntos de dados. Esta técnica de seleção de caraterísticas sugerida minimiza significativamente as caraterísticas indesejadas, e o algoritmo de classificação determina eficazmente o tipo de intrusão.

2.12 Lacuna de investigação

Neste capítulo, foram enumerados vários métodos para a deteção de valores atípicos. Alguns dos métodos de identificação de valores anómalos incluem a análise de valores extremos ou de pontuação Z, a deteção espacial de valores anómalos, a modelação probabilística e estatística, o modelo de regressão linear, a deteção de valores anómalos com base na proximidade, o modelo da teoria da informação e a deteção de valores anómalos de elevada dimensão. Nestas abordagens, alguns dos inconvenientes normalmente identificados são os seguintes

- Método de pontuação Z

O método da pontuação Z baseia-se fortemente em elementos estatísticos dos dados, como a média e o desvio padrão. Como resultado, os resultados são frequentemente inadequados. Quando o valor da pontuação Z é significativamente inferior ao valor absoluto ou limiar, esta abordagem é inútil para a identificação de valores atípicos, especialmente em pequenos conjuntos de dados. Surgem problemas de mascaramento quando é detectado um outlier menos grave. Os outliers podem ser rotulados como vizinhos quando ocorre o mascaramento.

- A técnica de deteção espacial de anomalias

Esta abordagem não se aplica a conjuntos de dados de atributos múltiplos devido à escassez de dados em dimensões superiores. A correlação espacial deve ser tida em conta na deteção de anomalias espaciais. Estas abordagens têm uma estrutura muito complexa para serem implementadas em dados de transacções em tempo real. Alguns bairros eram altamente heterogéneos e podem não proporcionar confiança suficiente para a deteção de valores anómalos.

- Modelação probabilística e estatística

A abordagem de programação probabilística não trata do problema da identificação de valores anómalos. Esta abordagem identifica os modelos anómalos com base numa distribuição univariada. A pontuação gerada implica um valor normal, no entanto, não é claro quando é que um ponto deve ser rotulado como anómalo. Uma medida pode classificar uma observação como um ponto de dados normal, enquanto outra a classifica como anómala.

- Modelo de regressão linear

As propriedades dos dados não são tidas em conta neste modelo. Numerosas caraterísticas dos dados, como a distribuição desigual das classes e os valores em falta, são comuns em conjuntos de dados práticos de classificação de clientes.

- Deteção de anomalias com base na proximidade

A dimensão da vizinhança mais próxima, que deve ser escolhida pelos utilizadores, é um parâmetro típico das técnicas baseadas na proximidade. Os utilizadores, por outro lado, não conseguem definir adequadamente a dimensão da vizinhança mais próxima para muitas actividades práticas. Na maioria das circunstâncias, as técnicas baseadas na proximidade requerem cálculos de distância.

- Modelo da teoria da informação

A percentagem mais elevada de valores atípicos no modelo da teoria da informação pertence às classes raras (Do *et al.*, 2017). Não se obtiveram resultados de alta qualidade ao detetar os outliers utilizando os dados de elevada dimensão. Outra limitação é o facto de os conjuntos de dados conterem muitos valores em falta. Para lidar com esses valores em falta, foi necessário um código especial.

- Deteção de outliers de alta dimensão

O elevado custo de processamento das abordagens baseadas em distâncias impede-as de reconhecerem valores anómalos em dados de elevada dimensão. Os dados com muitas dimensões eram frequentemente desequilibrados. Nos dados de treino, havia consideravelmente menos casos anómalos ou aberrantes do que instâncias regulares. A obtenção de dados fiáveis rotulados à mão que reflictam todas as formas de comportamentos aberrantes é excessivamente dispendiosa e demorada.

Capítulo 3

DETECÇÃO DE OUTLIER UTILIZANDO UMA ABORDAGEM DE RELAÇÃO DE PROXIMIDADE DIFUSA NO CONJUNTO DE DADOS MISTOS COM BASE NUM MÉTODO APROXIMADO DE DENSIDADE PONDERADA BASEADO NA ENTROPIA

3.1 Motivação

A deteção de valores atípicos é uma técnica popular de extração de dados que tem despertado o interesse de muitos investigadores, organizações e domínios de aplicação. Foram desenvolvidos muitos algoritmos de deteção de valores atípicos, mas todos eles se limitam a dados numéricos. Esses métodos não podem ser diretamente aplicados a dados categóricos. Para transformar dados numéricos em dados categóricos, é utilizada neste capítulo a relação de proximidade difusa. Para um atributo específico, será determinada a quase similaridade que existe entre os objectos.

A relação de proximidade difusa e a técnica de densidade ponderada baseada na entropia aproximada são combinadas neste capítulo para criar um método híbrido de identificação de caraterísticas anómalas. A relação quase indiscernível que existe entre objectos pode ser identificada utilizando a relação de proximidade difusa. Este resultado gera as classes de equivalência α. Os dados qualitativos podem ser obtidos através da aplicação da relação de ordenação sobre a classificação. Em seguida, o método de deteção de anomalias de densidade ponderada baseado na entropia bruta calcula a relação indiscernível, a entropia do complemento e o valor da densidade ponderada de todos os objectos e atributos presentes no conjunto de dados. Depois disso, o valor limite será fixado para determinar os valores anómalos. O valor do limiar será fixado de três formas: o conjunto de dados estável requer um valor de limiar elevado, os conjuntos de dados instáveis requerem valores de limiar baixos e a obtenção de informações prévias sobre os dados por parte de peritos do domínio pode ajudar a definir valores de limiar adequados.

A motivação, a revisão da literatura relacionada e o conceito de teoria dos conjuntos aproximados, relação de associação e aproximação, espaço de aproximação difusa com conjuntos aproximados e sistemas de informação ordenados são introduzidos na secção 3.1. O método de deteção de valores atípicos por densidade ponderada baseado na entropia aproximada é abordado na secção 3.2. A deteção de outliers em conjuntos de dados mistos é analisada na secção 3.3. A deteção de valores atípicos no conjunto de dados de contratação é abordada na secção 3.4. Os resultados experimentais são discutidos na secção 3.5.

3.1.1 Análise da literatura relacionada

Chandola *et al.* (2009) analisaram métodos paramétricos e não paramétricos de deteção de anomalias de forma não estruturada, sem se basearem numa noção unificada de anomalias. Li *et al.* (2007) propuseram um algoritmo de deteção de anomalias baseado na distância para medir a proximidade entre objectos categóricos, mas os dois parâmetros de entrada pré-requisitos necessários são difíceis de definir antecipadamente. He *et al.* (2005) observam que os objectos aberrantes são provavelmente os objectos que contêm padrões menos frequentes nos seus conjuntos de itens, o que inclui um cálculo inicial do conjunto de padrões frequentes, utilizando uma taxa de apoio mínima predefinida. Jiang *et al.* (2008) propuseram um algoritmo de deteção de outliers baseado numa função de associação aproximada, mas as relações de indiscernibilidade são sempre pequenas. Jiang *et al.* (2009) propuseram um algoritmo de deteção de outliers baseado em sequências, enquanto as classes de equivalência não variam sempre ou apenas aumentam um pouco em comparação com os outros objectos. Zhao *et al.* (2014) propuseram um algoritmo de deteção de outliers simples e eficaz para dados categóricos que não suporta dados mistos e conjuntos de dados dinâmicos.

3.1.2 Teoria dos conjuntos aproximados

Pawlak (1982), um matemático polaco, desenvolveu uma ferramenta matemática designada por conjuntos aproximados, com conceitos de aproximação inferior e superior, que têm a ver com os conjuntos nítidos. No entanto, não necessita de qualquer informação prévia ou adicional sobre os dados em causa. Existe uma associação estrita entre dados vagos e incertos. A abordagem dos conjuntos aproximados demonstra uma associação clara entre estas duas ideias. A imprecisão está associada a conjuntos, enquanto a incerteza está associada a componentes de conjuntos. A análise de dados com conjuntos aproximados utiliza tabelas de decisão com linhas e colunas estruturadas. As colunas de uma tabela são atributos classificados em dois grupos: atributos de condição e atributos de decisão. Cada linha especifica um objeto que induz uma decisão ou resultado. Se as condições forem satisfeitas, então a regra de decisão é certa; caso contrário, é incerta. Também implica a ideia de semelhança.

Em geral, um conjunto de dados ou um sistema de informação pode ser representado como o tripleto $DS = (Z, X, Y)$ onde Z representa o universo, X representa os objectos, entidades, itens, ou investigações e Y representa os atributos, caraterísticas, aspectos, ou caraterísticas. Então para todo subconjunto $X \subseteq Z$ e uma relação de equivalência (RT) forma $RT \in IND(S)$ para a base de conhecimento(S). Os subconjuntos de X, como aproximação inferior e superior, são definidos da seguinte forma:

$$\underline{RT}X = U\{Y \in \frac{Z}{RT} : Y \subseteq X\} \quad (3.1)$$

$$\overline{RT}Y = U\{Y \in \frac{Z}{RT} : Y \cap X \neq \phi \quad (3.2)$$

(or)

$$x \in \underline{RT}X \textit{ if and only if } [x]_{RT} \subseteq X \quad (3.3)$$

$$x \in \overline{RT}Y \textit{ if and only if } [x]_{RT} \cap X \neq \phi \quad (3.4)$$

A partir daqui, $Boundary(X) = RTX - RTX$ será designado por limite RT de X. Os conjuntos de limites são incluídos na aproximação superior mas não na aproximação inferior. Os conjuntos aproximados são definidos através das aproximações inferior e superior. Além disso, uma região limite é um conjunto vazio $RTX = RTX$.

3.1.3 Relação de associação e aproximação

A relação de pertença é derivada dos espaços de aproximação. Tanto a associação como a aproximação de conjuntos estão relacionadas com o conhecimento. A representação é apresentada nas Eqs. 3.5 e 3.6.

$$x \underline{\in}_{RT} \textit{ iff } x \in \underline{RT}X \qquad (3.5)$$

$$x \overline{\in}_{RT} X \textit{ iff } x \in \overline{RT}X \qquad (3.6)$$

em que, $\in_{RT}$ lê-se "*x* pertence seguramente a *X* para *RT* " e $\in_{RT}$ lê-se "*x* pertence possivelmente a *X* para *RT* " que é a relação de pertença inferior e superior, respetivamente. A Figura 3.1 representa a aproximação de conjuntos.

Na Fig. 3.1 acima, os operadores de aproximação inferior e superior são definidos na abordagem construtiva.

- A aproximação inferior do conjunto "*X*" em relação a *R* (relação de equivalência) é o conjunto de todos os objectos que podem ser classificados como "*X*".

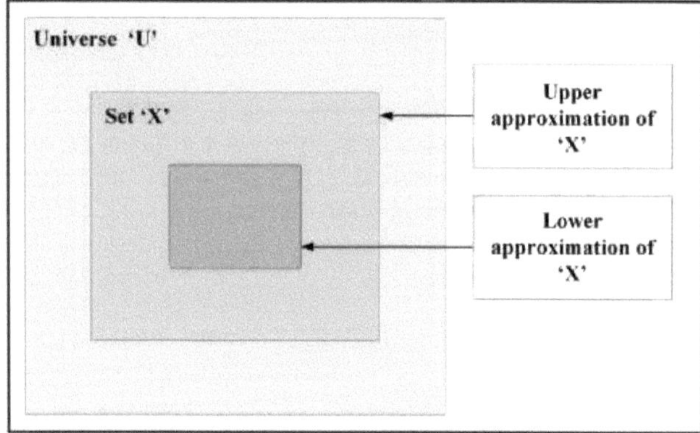

Fig. 3.1 Relação de associação de um conjunto

- A aproximação superior de *X* em relação a *R* (relação de equivalência) é o conjunto de todos os objectos que podem ser classificados como "*X*".
- A região limite de *X* é o conjunto de todos os objectos que não podem ser classificados nem como *X* nem como não-'*X*'.

3.1.4 Sistemas de informação ordenados

A classificação de objectos num sistema de informação é o principal objetivo da extração de dados e da aprendizagem por reforço. Para as técnicas que se baseiam em métodos de computação grosseira, isto continua a ser verdade. A classificação simples não se aplica a todas as aplicações do mundo real; por vezes, também é necessário ordenar os objectos.

Considere-se o sistema de informação ordinário apresentado na Tabela 3.1 em que $X = \{X_1, X_2, X_3, X_4, X_5\}$; *Y = {Degree, M odeof Study, Rank}*

Quadro 3.1 Sistema de informação normal

Objectos	Grau	Modo de estudo	Classificação
X1	B.Tech	Regular	Primeira classe
X2	B.Tech	Regular	Segunda classe
X_3	Mestrado em tecnologia	Tempo parcial	Primeira classe

X4	Mestrado em tecnologia	Tempo parcial	Segunda classe
X5	B.Tech	Regular	Primeira classe

Um sistema de informação ordenado é definido como *OrdInfSys = {Inf, {√ y : y ∈ Y}}* onde *Inf* é o sistema de informação e √ *y* é a relação de ordenação de *y* ∈ *Y*. Um valor ordenado de um determinado atributo resulta na ordenação de objectos.

$$K_i \prec \{y\} K_j \Longleftrightarrow f_y(K_i) \prec y f_y(K_j) \qquad (3.7)$$

onde √ *{y}* representa a relação de ordem do universo *(Z)* e o objeto X_i é classificado como superior a x_j para o atributo *y*. Depois de empregar as relações de ordem em sistemas de informação comuns mostradas na Tabela 3.1, torna-se um sistema de informação ordenado.

√ *Grau : MTech* √ *B.Tech*

√ *Modo de estudo : Regular* √ *PartTime* √

Classificação : Primeira Classe √ *Segunda Classe*

3.2 Método proposto

A deteção de valores atípicos é uma das principais técnicas de extração de dados, que tem sido muito considerada por vários grupos de investigação e domínios de aplicação. Foram criados numerosos métodos para identificar valores anómalos, mas apenas em dados numéricos. Esses métodos não podem ser aplicados diretamente a dados categóricos. Assim, a relação de proximidade difusa é introduzida para converter dados numéricos em categóricos.

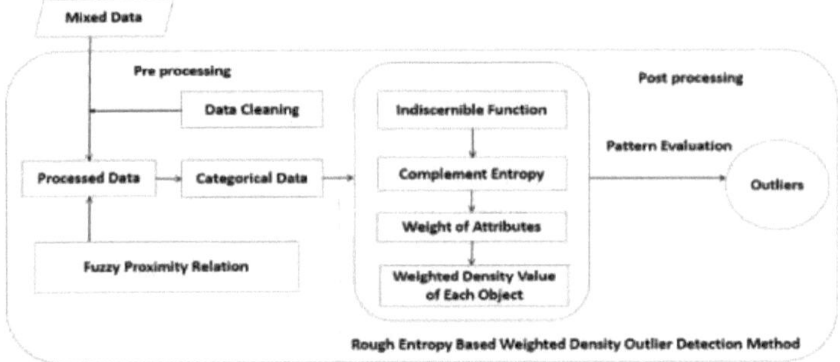

Fig. 3.2 Modelo proposto para a deteção de outliers utilizando conjuntos aproximados.

Em seguida, são calculadas a densidade ponderada e a incerteza de cada objeto e atributo. Os valores-limite serão fixados com base nos valores calculados para identificar os valores anómalos. Desta forma, os valores anómalos são removidos de forma incrível para melhorar a execução dos algoritmos de extração de dados. A Figura 3.2 mostra em pormenor o procedimento de trabalho da metodologia proposta e a Fig. 3.3 mostra o fluxograma da metodologia proposta.

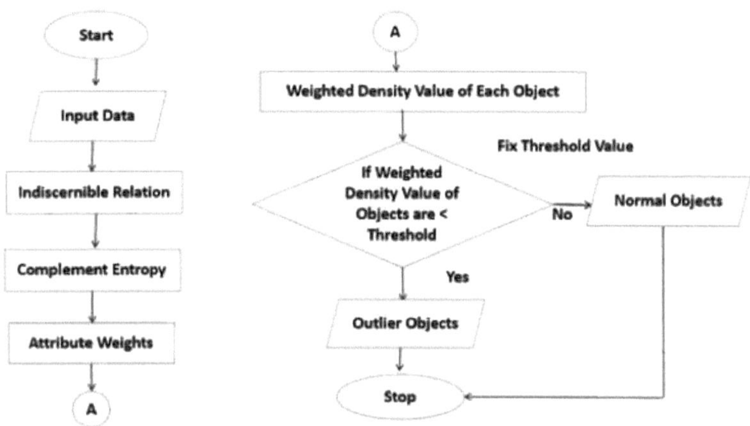

Fig. 3.3 Fluxograma do algoritmo proposto

As definições seguintes serão utilizadas para detetar valores atípicos quando o quadro tiver sido convertido de tipo misto para tipo categórico, o que é discutido mais adiante:

Definição 3.1: Um conjunto de dados *DS* é definido pelo tripleto *DS* =(*Z, X, Y*) onde *Z* representa o universo, X representa os objectos e *Y* representa os atributos de um conjunto de dados.

Definição 3.2: Sejam *DS* =(*Z, X, Y*) e $RT \subseteq Y$. A relação de indiscernibilidade *RT* para *x* em *X* ou *y* em *Y* é representada por

$$IND(Y) = \{[x]_{RT} | x \in Z\}$$

Definição 3.3: Sejam *DS* = (*Z, X, Y*), *RT C Y* e~~(IND(RT))~~= Y_1 ,*Y2* ,...Y_m. A entropia do complemento de *RT* é definida como

$$CmpEtrpy(Y) = \sum_{j=1}^{n} \frac{|Y|}{|X|} \frac{|Y|_j^y}{|X|}$$

em que Y_j^y denota o conjunto do complemento de Y_j, que é $Y^y = X - Y$; Definição 3.4: Seja *DS* =(*Z, X, Y*), o peso de cada atributo para *Y* é definido como

$$AvgDens(Y) = \frac{1 - CPE(RT)}{\sum_{j=1}^{n}(Y_j)}$$

Definição 3.5: A densidade média de cada atributo é determinada da seguinte forma

$$WghtDens(x) = \frac{|[X_j]Y|}{|Z|}$$

A partir daí, a densidade ponderada de cada objeto será determinada da seguinte forma

$$Densidade\ ponderada(X) = \underset{xi \in X}{} (Densidade\ média(x_j).Z(Y))$$

Definição 3.6: Consideremos o conjunto de dados *DS* =(*Z, X,* У), e θ é um valor fixo de limiar da densidade ponderada de objectos. Se o valor de *W eightedDensity*(*x*) $<\theta$, então o objeto *x* é considerado um outlier.

3.2.1 Algoritmo proposto

Nesta secção, é utilizado um método de deteção de anomalias baseado na densidade ponderada e na entropia aproximada para detetar anomalias, encontrando os pesos de cada atributo e objeto. Os passos seguintes devem ser seguidos para detetar os valores atípicos. O algoritmo proposto segue as abreviaturas indicadas:

DS : Conjunto de dados

Z	: Universo
Y	: Atributo
X	: Objeto
T	: Conjunto de outliers
P_{μ}^{γ}	: Relação de corte fuzzy intuicionista
θ	: Valor limiar
$IND(Y)$	: Relação de indiscernibilidade
$CmpEtrpy(Y)$	: Complemento de entropia
$AvgDens(Y)$	: Valor médio ponderado da densidade do atributo y
$W\,ghtDens(X)$	: Valor da densidade ponderada do objeto x

Algoritmo 3.1: Método de deteção de valores atípicos de densidade ponderada com base na entropia aproximada

Entrada: Conjunto de dados DS (Z, X, У) e θ é o valor do limiar.

Saída: O conjunto T contém dados anómalos.

1. Início
2. Introduzir o conjunto de dados de tipo misto.
3. Utilizar a relação de proximidade difusa e a ordenação para converter dados numéricos em dados categóricos.
4. Que T seja nulo.
5. Para cada atributo $y_i \in Y$ do
6. Calcular a relação de indiscernibilidade de todos os atributos $IND(Y)$ utilizando a definição 3.2
7. Fim para
8. Para cada atributo $y_i \in Y$ do
9. Calcular a função de entropia complementar de todos os atributos ($CmpEtrpy(Y)$) utilizando a definição 3.3
10. Fim Para
11. Para cada atributo $y_i \in Y$ do
12. Calcular o valor médio ponderado da densidade de todos os atributos ($AvgDens(Y)$) utilizando a definição 3.4
13. Fim Para
14. Para todos os objectos $x_i \in X$, fazer
15. Calcular o valor da densidade ponderada para todos os objectos ($W\,ghtDens(x)$) utilizando a definição 3.5
16. Fim Para
17. A partir do valor estimado da densidade ponderada de todos os objectos, escolher o valor

limite θ.

18. Comparar o valor de $(W\ ghtDens(x))$ com o valor limite θ para determinar os valores anómalos.

19. Em seguida, os objectos aberrantes identificados são adicionados ao conjunto T.

20. retorno T.

21. Parar.

3.3 Deteção de outlier no conjunto de dados misto

Num espaço misto, um outlier seria irregular ou aberrante em qualquer espaço de categoria, designado por tipo 'A' ou tipo 'B'. O espaço categorial é primeiro verificado para ver se algum ponto de dados tem valores categoriais irregulares. Os valores anómalos do tipo "A" são detectados utilizando o espaço categorial e os valores anómalos do tipo "B" são determinados utilizando os valores categoriais, com exceção dos pontos de dados do tipo "A". No subespaço das anomalias, os valores anómalos mais importantes são facilmente identificados e explicados. É possível reconhecer e assinalar os outliers projectados em subespaços de diferentes dimensões. Utiliza-se uma técnica ascendente para encontrar subespaços anómalos fascinantes e calcular o grau de anomalia dos outliers projectados numa coleção de dados de atributos mistos de elevada dimensão. Como consequência, podem ser descobertos outliers projectados em múltiplos subespaços.

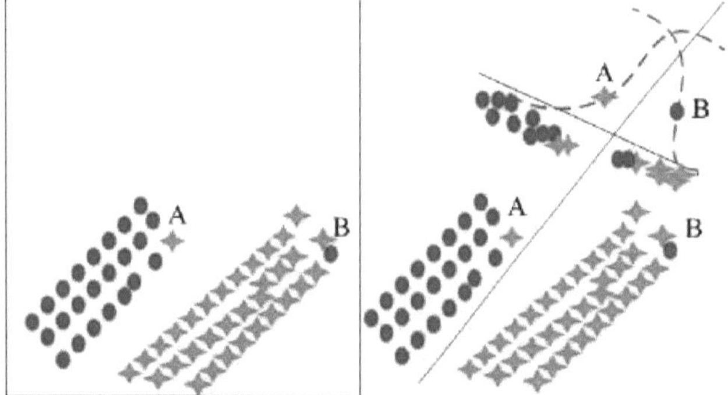

Conjunto de dados de atributos mistos Fator categórico de exceção

Fig. 3.4 Categorização dos outliers no conjunto de dados misto

A Figura 3.4 mostra a identificação de valores atípicos num conjunto de dados misto, em que são apresentadas as caraterísticas dos dados mistos e são utilizados factores categóricos de valores atípicos para descobrir todos os valores atípicos contidos no conjunto de dados.

3.4 Deteção de valores atípicos no conjunto de dados de contratação

A abordagem proposta é apresentada de forma eficiente, concebida com um conjunto de dados de contratação de tipo misto fabricado. O conjunto de dados de contratação contém quatro atributos condicionais, nomeadamente, experiência, referência, grau académico e francês, apresentados na Tabela 3.2. Nestes quatro atributos condicionais, apenas o atributo experiência tem um valor numérico. Todos os outros atributos, exceto a experiência, têm valores categóricos. Todas as abordagens existentes aplicam-se apenas a valores numéricos e não a valores categóricos. Mas a abordagem proposta aplica-se tanto a dados numéricos como a dados categóricos. Considere-se o atributo experiência para derivar a relação binária que pode ser definida da seguinte forma

$$FPR(o_i, o_j) = 1 - \frac{|o_i - o_j|}{(o_i + o_j)} \qquad (3.8)$$

onde, *FPR*(o_i, o_j) representa a relação binária para o atributo experiência. Utilizando a Eqn. 3.8, é calculada a semelhança entre os objectos o_i e o_j. O atributo experiência é ordenado utilizando a Eqn. 3.7.

Quadro 3.2 Conjunto de dados de contratação com objectos mistos (dados categóricos e numéricos)

Objectos	Grau	Experiência	francês	Referência
Ei	MBA	5.2	Sim	Excelente
E2	Mestrado	4.3	Sim	Bom
E3	Mestrado	3.4	Não	Neutro
E4	MBA	2.5	Não	Bom
E5	MCA	6.2	Sim	Bom
E6	MCA	3.1	Sim	Neutro
E7	MBA	2.2	Sim	Excelente
E8	Mestrado	3.2	Não	Excelente
E9	MCA	2.7	Não	Bom
E10	MBA	2.4	Sim	Neutro

Quadro 3.3 Relação de proximidade difusa - atributo experiência

R1	E1	E2	E3	E4	E5	E6	E7	E8	E9	E10
Ei	1.0000	0.9053	0.7907	0.6494	0.9123	0.747	0.5946	0.7620	0.6836	0.6316
E2	0.9053	1.0000	0.8832	0.7353	0.8191	0.8379	0.677	0.8534	0.7715	0.7165
E3	0.7907	0.8832	1.0000	0.8475	0.7084	0.9539	0.7858	0.9697	0.8853	0.8276
E4	0.6494	0.7353	0.8475	1.0000	0.5748	0.8929	0.9362	0.8772	0.9616	0.9796
E_5	0.9123	0.8191	0.7084	0.5748	1.0000	0.6667	0.5239	0.6809	0.6068	0.5582
E6	0.747	0.8379	0.9539	0.8929	0.6667	1.0000	0.8302	0.9842	0.9311	0.8728
E_7	0.5946	0.677	0.7858	0.9362	0.5239	0.8302	1.0000	0.8149	0.898	0.9566
Es	0.762	0.8534	0.9697	0.8772	0.6809	0.9842	0.8149	1.0000	0.9153	08572
E_9	0.6836	0.7715	0.8853	0.9616	0.6068	0.9311	0.8980	0.9153	1.0000	0.9412
E10	0.6316	0.7165	0.8276	0.9796	0.5582	0.8728	0.9566	0.8572	0.9412	1.0000

Seja a quase indiscernibilidade $\omega \geq 90\%$, da Tabela 3.3, assim, os objectos E1, *E2* , e *E5* são ω - idênticos. Da mesma forma, *E3* , *E4* , E6, E7, E8, E9 e E10 são ω - idênticos.

U/R^{ω} = {{E1,E2, E5}, {E3, E4, E6, E7, E8, E9, E }}w

Com base no valor de semelhança de ω, o atributo experiência é ordenado em dois grupos. Os valores numéricos do atributo experiência para os objectos {E1, E2, *E5*} têm valores mais elevados. Por isso, é classificado como Alto e {E3, E4, E6, E7, E8, E9, *E10*} são classificados como Baixo. Agora, o tipo numérico do atributo experiência é convertido em categórico, o que é apresentado na Tabela 3.4.

Quadro 3.4 Conversão de dados mistos em dados categóricos

Objectos	Grau	Experiência	francês	Referência
Ei	MBA	elevado	Sim	Excelente
E2	Mestrado	Elevado	Sim	Bom
E3	Mestrado	Baixa	Não	Neutro
E4	MBA	Baixa	Não	Bom
E5	MCA	Elevado	Sim	Bom

E6	MCA	Baixa	Sim	Neutro
E7	MBA	Baixa	Sim	Excelente
E8	Mestrado	Baixa	Não	Excelente
E9	MCA	Baixa	Não	Bom
E10	MBA	Baixa	Sim	Neutro

Após a conversão, são identificadas as relações indiscerníveis para cada atributo. As relações indiscerníveis são identificadas através da definição 3.2.

$$U/IND(Grau) = \{\{E1, E4, E7, E_w\}, \{E2, E3, E8\}, \{E5, E6, E9\}\}$$

$$U/IND(Experiência) = \{\{E1, E2, E5\}, \{E3, E4, E6, E7, E8, E9, E\}\}_{\omega}$$

$$U/IND(francês) = \{\{E1, E2, E5, E6, E7, E_{\omega}\}, \{E3, E4, E8, E9\}\}$$

$$U/IND(Referência) = \{\{E1, E7, E8\}, \{E2, E4, E5, E9\}, \{E3, E6, E\}\}_w$$

Depois de encontrar a relação indiscernível, o valor da função de entropia complementar deve ser calculado para cada atributo, utilizando a definição 3.3.

$$CE(Grau) = 4/10(1 - 4/10) + 3/10(1 - 3/10) + 3/10(1 - 3/10) = 33/50$$

$$CE(Experiência) = 3/10(1 - 3/10) + 7/10(1 - 7/10) = 21/50$$

$$CE(francês) = 6/10(1 - 6/10) + 4/10(1 - 4/10) = 24/50$$

$$CE(Referência) = 3/10(1 - 3/10) + 4/10(1 - 4/10) + 3/10(1 - 3/10) = 33/50$$

Após o cálculo da entropia complementar, é calculado o peso de cada atributo. O número total de atributos é multiplicado pela função de entropia complementar
para obter o peso de um atributo. O cálculo é efectuado com base na definição 3.4.

$$weight(Degree) = \frac{17}{54}$$

$$weight(Experience) = \frac{29}{54}$$

$$weight(French) = \frac{26}{54}$$

$$weight(Reference) = \frac{17}{54}$$

O peso de cada objeto é calculado adicionando o produto do peso dos atributos com objectos indiscerníveis. Os cálculos são efectuados utilizando a definição 3.5:

$$w(E1) = 10 \times 54 + 10 \times 54 + 10 \times 54 + 10 \times 54 + 10 \times 54 = 0{,}67$$

$$w(E_2) = 0.67;\ w(E_3) = 0.75;\ w(E_4) = 0.82;\ w(E_5) = 0.67;\ w(E_6) = 0.85$$

$$w(E7) = 0{,}88; w(E8) = 0{,}75; w(E9) = 0{,}78; w(E10) = 0{,}88$$

De acordo com a definição 3.6, o valor do limiar é fixado em 0,7 e, se o objeto tiver um valor inferior ao nível do limiar, esses objectos são considerados anómalos.

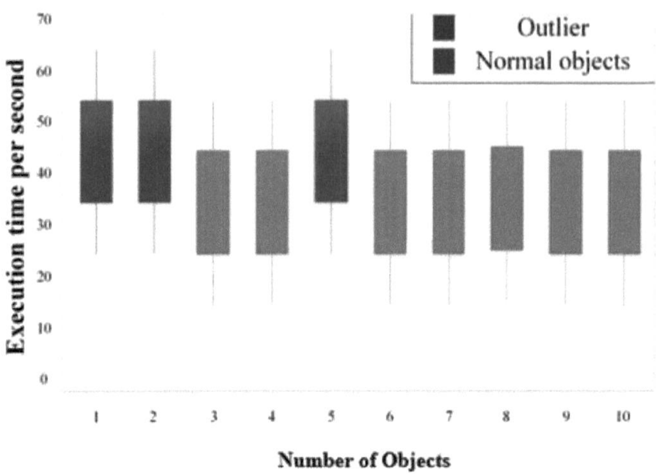

Fig. 3.5 Representação gráfica de objectos anómalos e normais

Na Fig. 3.5, o eixo x representa o número total de objectos e o eixo y representa o tempo de execução por segundo. A partir do cálculo acima, compreende-se claramente que os objectos como E1, E2 e *E5* são designados por outliers. Com exceção destes objectos anómalos, os outros objectos são designados por objectos normais. O tempo de execução difere dos objectos normais para os objectos anómalos porque o método proposto analisa todo o conjunto de dados *n* vezes para descobrir *n* objectos anómalos.

3.5 Resultados experimentais

O conjunto de dados de contratação, que consiste em 120 objectos com 4 atributos condicionais que incluem valores numéricos e categóricos, foi utilizado na investigação para proporcionar uma melhor compreensão do modelo de trabalho para detetar valores atípicos em conjuntos de dados mistos. A implementação é efectuada com um GigaByte de RAM e um processador Intel Pentium. O desempenho da teoria dos conjuntos aproximados proposta é avaliado utilizando o programa analítico "C" no sistema operativo Windows 10. Os modelos matemáticos são executados de forma eficiente utilizando a linguagem de programação "C". O método de deteção de valores atípicos de densidade ponderada com base na entropia aproximada (REBWDOD) é utilizado para detetar eficazmente um valor atípico. A abordagem de identificação de elementos aberrantes de densidade ponderada baseada na entropia de conjuntos aproximados é utilizada para descobrir elementos aberrantes calculando o valor da densidade ponderada de todos os objectos e atributos. O método proposto detecta um total de 18 itens anómalos. A técnica proposta supera os métodos anteriores em termos de desempenho e eficiência, uma vez que produz um valor de densidade ponderada para cada item e atributo, assegurando que um objeto real nunca é confundido com um outlier. A técnica proposta é utilizada em conjuntos de dados de tipo misto, e os dados numéricos são convertidos em valores categóricos nesta abordagem.

A Figura 3.6 ilustra o gráfico de avaliação de várias abordagens para a deteção de um outlier. São considerados três conjuntos de dados de referência para análise, nomeadamente o

conjunto de dados de antiroide, cancro da mama e cartas. Estes conjuntos de dados foram recolhidos do dataverse de Harvard para ajudar o método proposto a funcionar de forma mais eficiente. A Figura 3.7 ilustra o gráfico de avaliação de várias abordagens para detetar um outlier. Os conjuntos de dados de referência estão representados no eixo "X" e o número de anomalias detectadas está representado no eixo "Y".
Os métodos existentes, como o *k-NN*, o método baseado em caraterísticas (FB), o fator local de outlier (LOF), o método av-

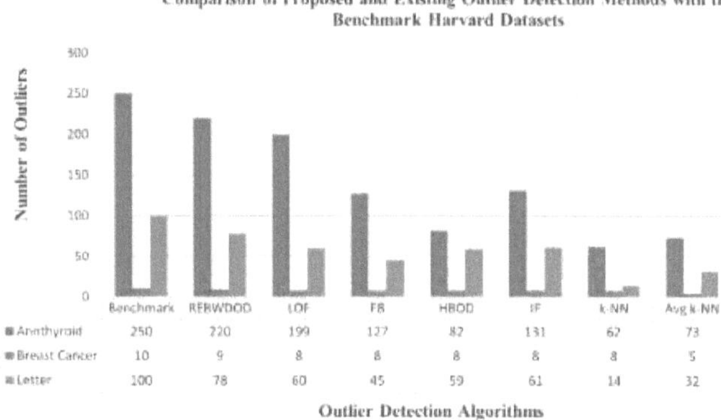

Fig. 3.6 Comparação de vários métodos de deteção de outlier por aprendizagem automática com o método proposto

O método de deteção de objectos isolados (IF) é menos eficiente do que o método proposto. A abordagem LOF identifica a densidade do objeto com a distância dos objectos vizinhos. Nesta abordagem, as caraterísticas das subamostras são selecionadas aleatoriamente. Após a seleção das subamostras, os valores do detetor de base são combinados para detetar um outlier. Numa abordagem de floresta isolada, é utilizada uma pontuação de valor isolado para encontrar os outliers (Wu e Zhang, 2003). Esta abordagem é mais adequada quando se utilizam dados de elevada dimensão. Na abordagem *k-NN*, o valor da pontuação baseada na distância é calculado para detetar os valores atípicos. Para cada classe, são construídas superamostras. As amostras de dados que estão disponíveis nas superamostras são designadas por conjunto de dados normal e as outras amostras são designadas por outliers. O gráfico de comparação do método proposto com os algoritmos de deteção de valores atípicos existentes para o conjunto de dados de contratação é apresentado na Fig. 3.7.
Além disso, o trabalho foi estudado para conjuntos de dados dinâmicos para avaliar a sua eficiência. Um conjunto de dados dinâmico pode variar ou ser atualizado ao longo do tempo. Por exemplo, as variações diárias nos custos do gás são causadas por alterações no preço do gás a nível mundial. O conjunto de dados de preços do gás do Kaggle foi tomado em consideração e os valores anómalos foram detectados. Além disso, o método proposto é comparado com outras metodologias de deteção de valores atípicos existentes para provar a sua eficiência. O conjunto de dados de preços do gás tem 2 atributos, como a data e o preço, com 5281 objectos. A Figura 3.8 mostra a deteção de valores atípicos no conjunto de dados sobre o preço do gás e a Fig. 3.9

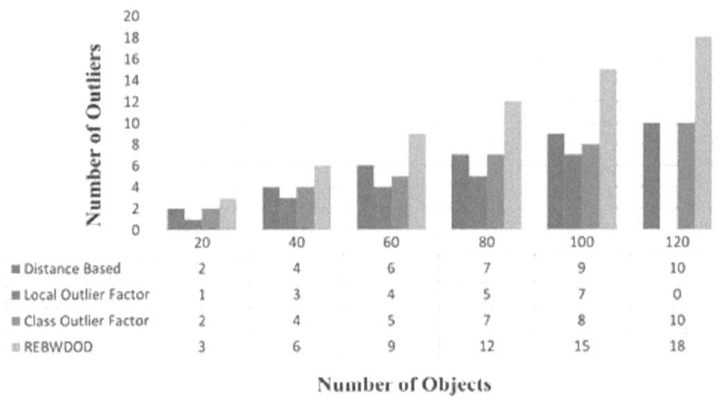

Fig. 3.7 Deteção de outliers para o conjunto de dados de contratação

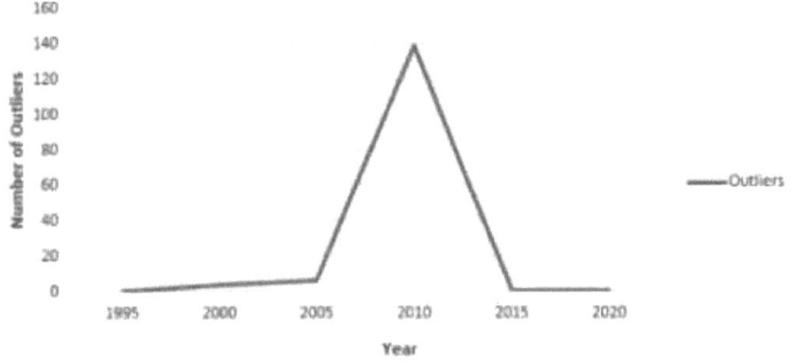

Fig. 3.8 Deteção de outlier no conjunto de dados de preços dinâmicos do gás

mostra a comparação de várias metodologias de deteção de anomalias por aprendizagem automática com o método proposto.

3.5.1 Medidas de avaliação do desempenho

A precisão, a especificidade, a pontuação F1, a sensibilidade e a exatidão são geradas para avaliar as medidas de desempenho do conjunto de dados. A precisão é definida como o rácio entre o número total de itens corretamente identificados e o número total de objectos.

$$Accuracy = \frac{TP + TN}{TP + FN + TN + FP} \tag{3.9}$$

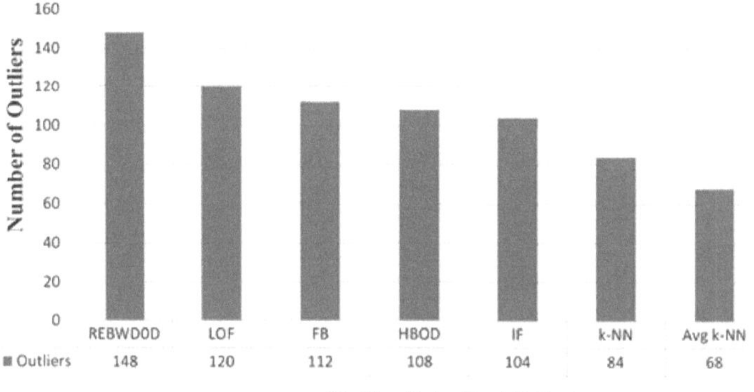

Fig. 3.9 Comparação de vários algoritmos de deteção de outlier para o conjunto de dados de preços dinâmicos do gás

Verdadeiro Positivo, Verdadeiro Negativo, Falso Negativo e Falso Positivo são designados por TP, *TN*, *FP* e *FN*, respetivamente. A especificidade é também conhecida como taxa de verdadeiros negativos, na qual a quantidade de tuplos negativos está a ser identificada com precisão. A sensibilidade ou recordação é conhecida como a taxa de verdadeiros positivos, em que a quantidade de tuplos positivos está a ser identificada com precisão.

$$Specificity = \frac{TN}{TP + FN} \quad (3.10)$$

$$Sensitivity\ (or)\ Recall = \frac{TP}{TP + FN} \quad (3.11)$$

$$Precision = \frac{TP}{TP + FP} \quad (3.12)$$

A pontuação F1 é definida como a média aritmética da precisão e da recuperação do modelo. As classes de distribuição são piores quando o valor da pontuação *F* 1 é 0 e as melhores classes de distribuição são obtidas quando o valor da pontuação *F* 1 é 1. O valor da pontuação A pontuação F1 é calculada utilizando a Eqn. 3.13.

$$F1 - Score = 2 * \left(\frac{Precision * Recall}{Precision + Recall}\right) \quad (3.13)$$

A avaliação do desempenho de conjuntos de dados como o conjunto de dados da antiroide, o cancro da mama e o conjunto de dados de cartas é apresentada nos quadros 3.5, 3.6 e 3.7. A metodologia proposta, Rough Entropy Based Weighted Density Outlier Detection (REBWDOD), é comparada com o método de deteção de anomalias existente, Local Outlier Fator (LOF), para provar a sua eficiência.

Tabela 3.5 Avaliação do desempenho - conjunto de dados annthyroid

S.N.	Medidas	LOF	REBWDOD
1	Exatidão	98.16%	99.57%

2	Especificidade	1.0	1.0
3	Sensibilidade	0.9813	0.9955
4	Precisão	1.0	1.0
5	Pontuação F1	0.9906	0.9978

Tabela 3.6 Avaliação do desempenho - conjunto de dados do cancro da mama

S.N.	Medidas	LOF	REBWDOD
1	Exatidão	99.18%	99.46%
2	Especificidade	1.0	1.0
3	Sensibilidade	0.99	0.99
4	Precisão	1.0	1.0
5	Pontuação F1	0.9958	0.9972

Tabela 3.7 Avaliação do desempenho - conjunto de dados de cartas

S.N.	Medidas	LOF	REBWDOD
1	Exatidão	97.56%	98.69%
2	Especificidade	1.0	1.0
3	Sensibilidade	0.97	0.98
4	Precisão	1.0	1.0
5	Pontuação F1	0.9872	0.9930

3.5.2 Análise da eficácia

Os dois tipos de testes seguintes foram efectuados para avaliar a variação do desempenho do algoritmo proposto quando se alteram variáveis como a dimensão do conjunto de dados e o número de outliers. Em termos de dimensão do conjunto de dados e de marcação do número de outliers, a metodologia REBWDOD requer menos tempo do que o método do fator de outlier local.

Os três tipos de testes seguintes foram efectuados para avaliar a variação do desempenho de cada algoritmo quando se alteram variáveis como a dimensão do conjunto de dados, a dimensionalidade e o número de outliers. Em termos de quantidade de dados, dimensionalidade dos dados e marcação do número de outliers, a metodologia REBWDOD requer menos tempo do que o método do fator local de outlier.

Com base nas conclusões destes estudos, a abordagem REBWDOD parece ser particularmente adequada para grandes conjuntos de dados com elevada dimensionalidade e um elevado número de outliers. O algoritmo REBWDOD é significativamente mais lento do que a abordagem do fator aberrante local em termos de aumento do tempo de execução. Consequentemente, quando a dimensão dos dados é grande e as caraterísticas são numerosas, o método REBWDOD recomendado pode proporcionar uma deteção eficiente dos outliers, como ilustrado nas Figuras 3.10 e 3.11.

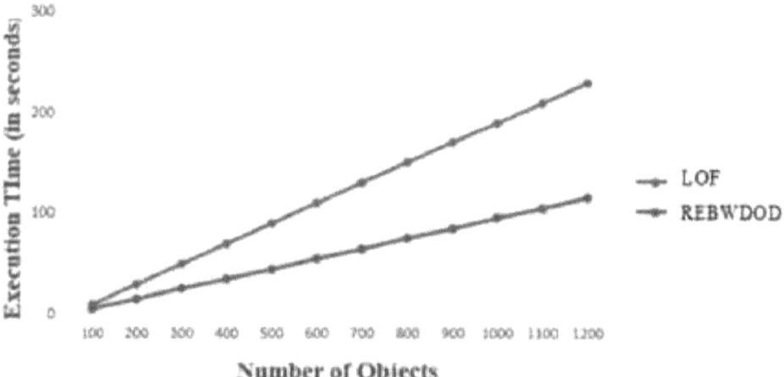

Fig. 3.10 Comparação do tempo de execução à medida que o número de objectos aumenta

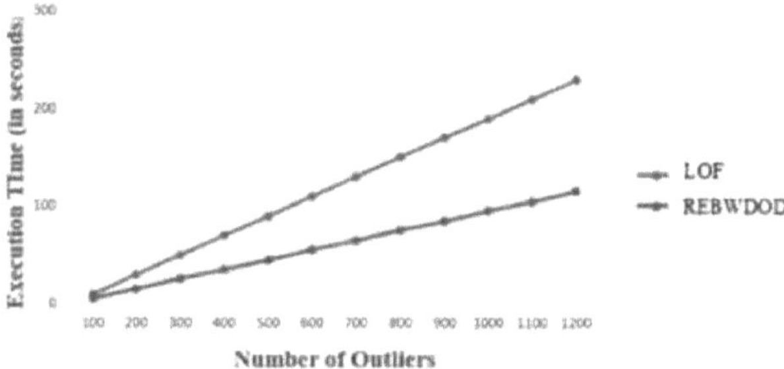

Fig. 3.11 Comparação do tempo de execução com o aumento do número de outliers

3.5.3 Estimativa de erro para clusters

Uma vez identificados e removidos os valores atípicos do conjunto de dados, é possível efetuar o agrupamento para provar a eficiência do método dos valores atípicos através da estimativa dos erros. Para medir o desempenho, foi calculada a pontuação da silhueta. O valor varia entre -1 e +1. Um valor próximo de +1 indica clusters significativos, 0 representa clusters insignificantes e -1 denota clusters errados. Utilizando as metodologias de deteção de anomalias propostas e existentes, as anomalias são removidas e a pontuação da silhueta é calculada. Isto mostra claramente que, após a remoção dos valores atípicos utilizando a metodologia proposta, a pontuação da silhueta está próxima de +1, o que forma agrupamentos significativos. A pontuação da silhueta pode ser calculada utilizando a fórmula

$$\text{Silhouette Score} = \frac{d - c}{Max(c, d)} \qquad (3.14)$$

Pontuação da silhueta

em que c representa a distância média entre os intra-clusters e d representa a distância média entre os inter-clusters.

A pontuação da silhueta gerada após a remoção de outliers para o conjunto de dados de antiroide, usando a metodologia proposta, forma um cluster k-Means com 0,662, um cluster aglomerativo com 0,520 e DB-Scan com 0,413. Mas o método do fator de outlier local forma um agrupamento k-Means com 0,428, um agrupamento aglomerativo com 0,478 e DB-Scan com 0,398. A Tabela 3.8 mostra claramente que a metodologia proposta é mais eficaz quando comparada com as metodologias existentes para a criação de clusters.

Tabela 3.8 Pontuação da silhueta - conjunto de dados de antiroide

Método de deteção de outlier	**Pontuação da silhueta**		
	k-Médias	**Aglomerativo**	**DB-Scan**
Método de deteção de anomalias por densidade ponderada com base na entropia aproximada	0.662	0.520	0.413
Fator local de exceção	0.428	0.478	0.398

A pontuação da silhueta gerada após a remoção de outliers para o conjunto de dados de cartas, utilizando a metodologia proposta, forma um cluster k-Means com 0,592, um cluster aglomerativo com 0,577 e DB-Scan com 0,514. Mas o método do fator de atrito local forma um agrupamento k-Means com 0,504, um agrupamento aglomerativo com 0,405 e DB-Scan com 0,465. A Tabela 4.6 mostra claramente que a metodologia proposta é mais eficaz quando comparada com as metodologias existentes para a criação de clusters. A tabela 3.9 mostra claramente que a metodologia proposta é mais eficaz quando comparada com as metodologias existentes para a criação de clusters.

Tabela 3.9 Pontuação da silhueta - conjunto de dados de cartas

Método de deteção de outlier	**Pontuação da silhueta**		
	k-Médias	**Aglomerativo**	**DB-Scan**
Método de deteção de anomalias por densidade ponderada com base na entropia aproximada	0.592	0.577	0.514
Fator local de exceção	0.504	0.405	0.465

A pontuação da silhueta gerada após a remoção dos outliers para o conjunto de dados do cancro da mama, utilizando a metodologia proposta, forma um cluster *k-Means* com 0,664, um cluster aglomerativo com 0,652 e DB-Scan com 0,647. Mas o método do fator de outlier local forma um agrupamento *k-Means* com 0,532, um agrupamento aglomerativo com 0,573 e um DB-Scan com 0,507. A Tabela 3.10 mostra claramente que a metodologia proposta é mais eficaz quando comparada com as metodologias existentes para a criação de clusters.

3.5.4 Estimativa de erros para outliers

O método dos mínimos quadrados ordinários (OLS) foi utilizado para estimar o erro para os valores anómalos. O erro padrão foi reduzido quando os valores anómalos foram retirados do conjunto de dados.

Tabela 3.10 Pontuação da silhueta - conjunto de dados do cancro da mama

Método de deteção de	**Pontuação da silhueta**

outlier	k-Médias	Aglomerativo	DB-Scan
Método de deteção de anomalias por densidade ponderada com base na entropia aproximada	0.664	0.652	0.647
Fator local de exceção	0.532	0.573	0.507

As Figuras 3.12 e 3.13 mostram que a taxa de erro padrão do conjunto de dados de antiroide sem a remoção dos valores anómalos é de 0,094 e, quando os valores anómalos são removidos, a taxa de erro padrão passa a ser de 0,006.

As figuras 3.14 e 3.15 mostram que a taxa de erro padrão do conjunto de dados de cartas sem a remoção dos valores atípicos é de 0,087 e que, quando os valores atípicos são removidos, a taxa de erro padrão passa a ser de 0,082.

	coef	erro std	t	P>| t	[0.025	0.973]
const	1.9189	0.Θ94	20.309	0.000	1.726	2.096
C	0.4650	0.024	19.780	0.000	0.419	0.511

Fig. 3.12 Estimativa de erro OLS para um conjunto de dados da tiroide - com valores anómalos

	coef	erro std	t	P>| t	[0.025	0.975]
const	0.1556	0.006	24.435	0.000	0.143	0.168
C	-0.4006	0.064	-6.308	0.000	-θ.525	-0.276

Fig. 3.13 Estimativa de erro OLS para um conjunto de dados da tiroide - sem valores anómalos

	coef	erro std	t	p>|t|	[0.025	0.975]
const	7.5163	0.037	86.618	0.000	7.346	7.687
ˢP	0.0088	0.019	4.655	0.000	fl.051	0.126

Fig. 3.14 Estimativa de erro OLS para o conjunto de dados de cartas - com outliers

	coef	erro std	t	p>|t|	[8.Û2S	0.975]
const	7,4752	a.M2	91.023	0.000	7.314	7.636
≡P	0.0915	0.Θ13	5.067	0.θθθ	θ.056	0.123

Fig. 15 5 Estimativa de erro OLS para o conjunto de dados das cartas - sem valores anómalos

As figuras 3.16 e 3.17 mostram que a taxa de erro padrão do conjunto de dados do cancro da mama sem a remoção dos valores atípicos é de 0,020 e que, quando os valores atípicos são removidos, a taxa de erro padrão passa a ser de 0,016.

	coef	erro std	t	P>| t	[0.Θ25	0.975]
const	0.1443	0.020	7.253	0.000	0.105	0.184
C	-0.7907	0.198	-3.999	0.000	-1.182	-0.40θ

Fig. 16 6 Estimativa de erro OLS para o conjunto de dados do cancro da mama - com valores aberrantes

	coef	erro std	t	p>| t	[0.025	0.975]
const	0.1545	0.016	9.743	Θ.0Θ0	0.123	Θ.186
C	-0.3810	0.158	-2.416	0.017	-0.693	-θ.069

Fig. 17 7 Estimativa de erro OLS para o conjunto de dados sobre o cancro da mama - sem valores aberrantes As figuras 3.18 e 3.19 mostram que a taxa de erro padrão do conjunto de dados de preços dinâmicos do gás sem a remoção de valores aberrantes é de 0,158 e que, quando os valores aberrantes são removidos, a taxa de erro padrão passa a ser de 0,136.

	coef	erro std		tP>| t	[0.025	0.975]
const	2.3264	0.158	14.699	0.000	2.Θ15	2.637
□ comeu	-0.0151	0.026	-0.376	0.565	-0.067	0.036

Fig. 18 **8** Estimativa de erro OLS para o conjunto de dados de preços dinâmicos do gás - com valores anómalos

	coef	erro std	t	P>| t	[0.025	Θ.975]
const	1.9303	0.136	14.158	0.000	1.662	2.198
Data	Θ.Θ436	Θ.Θ22	1.939	0.053	-θ.001	0.088

Fig. 19 **9** Estimativa de erro OLS para o conjunto de dados de preços dinâmicos do gás - sem valores anómalos

Capítulo 4

DETECÇÃO DE VALORES ABERRANTES EM DOIS CONJUNTOS UNIVERSAIS UTILIZANDO O MÉTODO DA DENSIDADE PONDERADA INTUICIONISTA DIFUSA E BASEADA NA ENTROPIA APROXIMADA

4.1 Motivação

Atualmente, a recolha de dados é volumosa, pelo que um único conjunto de dados universal é insuficiente; no entanto, também são necessários dados de outros universos. No entanto, os dados disponíveis neste mundo real não são perfeitos. Também existem dados incompletos, inconsistentes e vagos no mundo real. As metodologias existentes fornecem soluções quando os dados são nítidos e falham quando os dados são incertos e incompletos. Assim, estes problemas podem ser tratados e resolvidos com a ajuda de conjuntos aproximados e conjuntos difusos intuicionistas. Os conjuntos aproximados lidam com dados ambíguos, enquanto os conjuntos difusos intuicionistas lidam com informações incompletas.

Muitos trabalhos de investigação têm-se centrado na deteção de valores atípicos em dados numéricos, dados categóricos e conjuntos universais únicos. Em dois conjuntos universais, são fornecidas várias soluções apenas para sistemas de decisão multi-critério. Este capítulo tenta detetar valores atípicos em dois conjuntos universais, aplicando a abordagem difusa intuicionista com um método de deteção de valores atípicos por densidade ponderada baseado na entropia aproximada. Uma vez que não é supervisionado, sem considerar as etiquetas de classe dos atributos de decisão, os valores de densidade ponderada para todos os atributos e objectos condicionais são calculados para detetar valores atípicos. Para efeitos de análise experimental, o conjunto de dados Iris do repositório UCI e os dois conjuntos de dados universais fabricados são utilizados para detetar anomalias, tendo sido efectuada uma comparação com os algoritmos existentes para provar a sua eficiência.

As noções básicas da teoria dos conjuntos aproximados são abordadas no Capítulo 3. Neste capítulo, a revisão da literatura relacionada com a motivação, o conceito de dois conjuntos universais e os conjuntos fuzzy intuicionistas são abordados na Secção 4.2. O método proposto é discutido na Secção 4.3 e o estudo empírico é discutido na Secção 4.4. Os resultados experimentais são apresentados na secção 4.5 e a estimativa do erro de clusters e outliers é discutida na secção 4.6.

4.1.1 Análise da literatura relacionada

A teoria dos conjuntos aproximados pode ser considerada como uma ferramenta matemática eficaz para lidar com a análise de dados imprecisos e ambíguos. Desde a sua introdução por Pawlak (1982), a teoria dos conjuntos aproximados tornou-se um tema de investigação importante e tem sido aplicada com êxito em muitos domínios. Chen *et al.* (2005) propuseram que os conjuntos aproximados e os conjuntos flexíveis capturam facetas particulares da mesma noção, mas com imprecisão. A combinação da teoria dos conjuntos suaves com a teoria dos conjuntos aproximados pode ser um tema prometedor que merece uma investigação mais aprofundada. A teoria dos conjuntos suaves, originalmente iniciada por Molodtsov

(1999), é uma ferramenta matemática geral para lidar com a incerteza, em vez de lidar apenas com a suavidade das funções, a teoria dos jogos, etc., Ali *et al.* (2009) estabeleceram uma ligação entre conjuntos suaves e conjuntos suaves difusos e conjuntos suaves rugosos, mas estes conceitos só podem ser úteis em problemas de tomada de decisões. Maji *et al.* (2003) aplicaram pela primeira vez os conjuntos de funções brandas para resolver o problema da tomada de decisões, com base apenas no conceito de redução do conhecimento na teoria dos conjuntos aproximados. Zhang (2012) propôs o princípio básico e o método de aplicação dos novos modelos de conjuntos aproximados em soft fuzzy intuicionista, mas aplicável apenas à tomada de decisões.

4.2 Dois conjuntos universais

Um sistema de informação é uma tabela que permite classificar uma coleção finita de objectos, conhecida como universo, utilizando um conjunto limitado de atributos que representam toda a informação e conhecimentos disponíveis. No entanto, em muitas situações do mundo real, o sistema de informação actua como uma ligação entre universos. Como resultado, um conjunto aproximado num único conjunto universal é alargado a um conjunto aproximado em dois conjuntos universais (Tripathy e Acharjya, 2013).

Consideremos C e D como sendo os dois conjuntos universais e a relação binária $P \subseteq (C \times D)$. Assim, com a representação do tripleto (C, D, P), qualquer pessoa pode conhecer a representação do conhecimento e seu espaço de aproximação. Se $m \in C$, o conjunto relativo R ou sua vizinhança direita do conjunto C, é representado como

$$rt(m) = \bigcup n \in D : (m,n) \in P\} \qquad (4.1)$$

Da mesma forma, para um elemento $n \in D$, o conjunto relativo R, ou a sua vizinhança esquerda do conjunto D, é representado por

$$lt(n) = \bigcup m \in C : (m,n) \in P\} \qquad (4.2)$$

Além disso, se os conjuntos C e D forem finitos, então a relação binária P de (m, n) é representada por

$$P(m,n) = \begin{cases} 1 & if(m,n) \in P \\ 0 & if(m,n) \notin P \end{cases} \qquad (4.3)$$

Com base no produto cartesiano de dois conjuntos universais, são encontradas as relações do conjunto aproximado. Depois de determinar as relações do conjunto aproximado entre os atributos, são determinados cálculos numéricos, como a composição, os valores mínimos e máximos entre os dois conjuntos universais (Nguyen *et al.*, 2014). São examinados alguns dos parâmetros ou componentes entre os dois conjuntos universais, como as relações fuzzy aproximadas transitivas, simétricas, *α-reflexivas* e reflexivas. Com base na relação de multiequivalência do universo, são determinadas aproximações de conjuntos.

A abordagem abrangente da estrutura de intervalos, bem como dos espaços de aproximação, é determinada com base na generalização dos dois conjuntos universais. A relação binária é obtida através da abordagem abrangente da relação de equivalência (Geetha *et al.*, 2014). O conceito de aproximação inferior e superior é utilizado numa interessante classificação topológica de um conjunto aproximado em dois conjuntos universais (Tripathy *et al.*, 2011)

4.2.1 Conjuntos fuzzy intuicionistas

Um conjunto fuzzy intuicionista é definido como a associação de um componente expressa como um valor único cujo limite varia entre 0 e 1. O conjunto fuzzy intuicionista é definido com valores de associação e não associação, e o grau de não associação é determinado utilizando o valor do grau de associação (Acharjya e Tripathy, 2012). A funcionalidade combinada é designada por margem de hesitação. A medida de distância é estimada substancialmente para encontrar a distância entre conjuntos fuzzy intuicionistas. As variáveis de raciocínio humano são de dois tipos, nomeadamente os tipos difuso e linguístico. Neste caso, o tipo linguístico é representado pelos valores e o tipo difuso é denotado pelos valores incertos (Acharjya e Tripathy, 2013). Estas variáveis de raciocínio humano são úteis em domínios como o processo de transação, o diagnóstico médico, a determinação da carreira, a contabilidade financeira, o marketing, o reconhecimento de padrões e as vendas (Anitha e Acharjya, 2016).

4.2.2 Fuzzy intuicionista em dois conjuntos universais

Consideremos que C e D são dois conjuntos não vazios e finitos. P é representado como uma relação binária. As relações de pertença são indicadas como "μ" e a não pertença é mencionada como "γ" (Li e Tang, 2018). A relação de corte fuzzy intuicionista é útil para estimar as relações de associação e não associação entre os atributos que são denotados como (P). Isto é elaborado da seguinte forma:

$$\hat{P} = \{< (m,n)\mu_{\hat{P}}(m,n), \gamma_{\hat{P}}(m,n) > |(m,n) \in C \times D\} \qquad \textbf{(4.4)}$$

onde os atributos tais como $\mu_{\hat{}}: C \times D \rightarrow [0, 1]$ e $\gamma_{p}: C \times D \rightarrow [0, 1]$ satisfazem a condição quando $0 \leq \mu_{\hat{}}(m, n) + \gamma_{p}(m, n) \leq$ para qualquer $(m, n) \in C \times D$ .Se $C = D$, então a Relação Fuzzy Intuicionista (IFR) é denotada como $P \in IF\,R(C \times C)$.

4.2.3 Formação de regras fuzzy

Vários domínios, como a geração de padrões aleatórios, os sistemas de energia, a fusão de informações, a aprendizagem automática, bem como os sistemas de tomada de decisões, utilizam conjuntos difusos intuicionistas. Quando se aplicam a situações do mundo real, devem ser seguidos os seguintes passos:

- Apresentar uma descrição clara do enunciado do problema. Em seguida, o problema deve ser analisado e resolvido, quer do ponto de vista matemático, quer do ponto de vista linguístico.
- Os valores de adesão representam o grau mais elevado de satisfação, e os valores de não adesão, não são totalmente aceitáveis mas com o grau mais baixo de conforto. Estes valores determinados são conhecidos como o limiar.
- Os valores de associação têm a forma de um trapézio, parábola, linear e linear por partes. Altera-se de acordo com o grau dos valores de associação definidos pelos peritos.
- A partir daí, pode ser estabelecida uma relação binária com base na relação de corte. Um objetivo claro de múltiplos atributos com um grau de filiação e valores de não filiação é aproveitado sem qualquer conflito.

4.3 Método proposto

Uma abordagem eficaz para reduzir a ambiguidade e a incerteza na tomada de decisões é a utilização do conjunto fuzzy intuicionista. A teoria dos conjuntos difusos estabelece que o valor de associação de um conjunto difuso a um objeto varia entre zero e um. Além disso, pode haver alguma ambiguidade, uma vez que não está especificado que o valor de não pertença deve ser sempre um menos o valor de pertença. Como resultado, Atanassov (1999) desenvolveu a ideia de conjuntos fuzzy intuitivos (IFS), uma extensão do conjunto fuzzy que tem em conta a margem de hesitação, que é definida como 1 - (graus de pertença + graus de não pertença), respetivamente. Esta secção descreve o fluxo de trabalho da deteção de valores atípicos em dois conjuntos universais, utilizando métodos de densidade ponderada baseados em entropia aproximada e fuzzy intuicionista.

Na fase de pré-processamento, a entrada dada tem a forma de um par (μ,γ). O conjunto de dados deve ser verificado quanto a quaisquer valores em falta ou perda de dados no processo de limpeza de dados. Uma vez processado o conjunto de dados, com a ajuda da relação de corte fuzzy intuicionista, a relação binária do conjunto de dados pode ser obtida com base nos valores de associação e não associação. Na fase de pós-processamento, os dois dados universais são convertidos em dados categóricos e o método proposto foi aplicado ao conjunto de dados para detetar valores anómalos. O valor da densidade ponderada é calculado para todos os atributos e objectos e é utilizado um valor-limite para identificar os valores anómalos. Os valores anómalos são objectos que são inferiores ao valor limite. A Figura 4.1 mostra o fluxo de trabalho do método proposto.

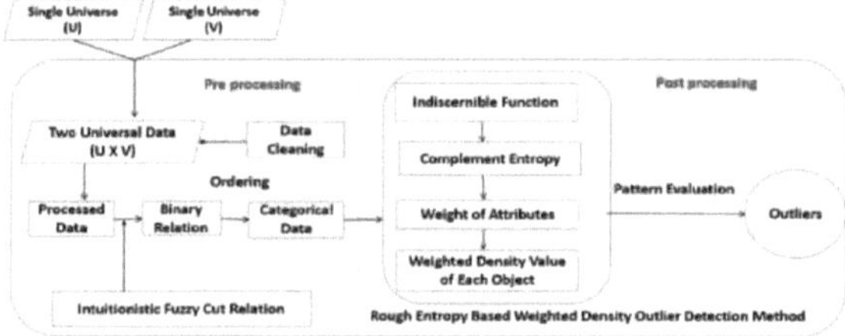

Fig. 4.1 Modelo de funcionamento do algoritmo proposto

4.3.1 Medidas para a deteção de valores atípicos

Muitas das aplicações em tempo real constroem a aproximação grosseira graduada de *P* utilizando um conjunto de corte da relação fuzzy intuicionista. Os valores são recolhidos de acordo com os requisitos dos valores de pertença e não pertença do decisor. Utilize I_{μ}, por exemplo, se o decisor especificar que o grau de associação do objeto *X* ao parâmetro *Y* deve ser superior a μ e o grau de não associação não deve ser superior a γ. Finalmente, os dados são representados como uma série de 0's e 1's. A informação contida no conjunto de dados é denotada como 0's e 1's para que os dados numéricos sejam convertidos em dados categóricos. Ao efetuar a relação de ordenação, os dados numéricos são convertidos em dados categóricos. Para os dados categóricos obtidos, é necessário calcular a entropia do complemento, a relação indiscernível, o valor da densidade ponderada dos objectos e o peso médio dos atributos. Estes cálculos são feitos utilizando as definições discutidas na Secção 3.2.

4.3.2 Algoritmo proposto

Nesta secção, é utilizado um método de deteção de anomalias baseado na densidade ponderada e na entropia aproximada para detetar anomalias, encontrando os pesos de cada atributo e objeto. Os passos seguintes devem ser seguidos para detetar os valores atípicos. O algoritmo proposto segue as abreviaturas indicadas:

DS	: Conjunto de dados
C, D	: Dois conjuntos de dados universais
Y	: Atributo

X : Objeto
T : Conjunto de outliers
P^{γ} : Relação de corte fuzzy intuicionista
θ : Valor limiar
$IND(Y)$: Relação de indiscernibilidade
$CmpEtrpy(Y)$ Entropia do complemento
$AvgDens(Y)$ Valor médio ponderado da densidade do atributo y
$W\,ghtDens(X)$ Valor da densidade ponderada do objeto x

Algoritmo 4.1: Método de deteção de valores atípicos de densidade ponderada com base na entropia bruta **Entrada:** Dois conjuntos de dados universais DS (C, D, X, Y) e θ como valor limite.

Saída: O conjunto T contém dados anómalos.

1. Início
2. Introduzir os dois conjuntos de dados universais.
3. Aplicar a relação de corte fuzzy intuicionista $P\mu$ para obter valores booleanos.
4. Converter os valores booleanos obtidos em dados categóricos, aplicando a relação de ordenação.
5. Que T seja nulo.
6. Para cada atributo $y_i \in Y$ do
7. Calcular a relação de indiscernibilidade de todos os atributos $IND(Y)$ utilizando a definição 3.2
8. Fim para
9. Para cada atributo $y_i \in Y$ do
10. Calcular a função de entropia complementar de todos os atributos ($CmpEtrpy(Y)$) utilizando a definição 3.3
11. Fim Para
12. Para cada atributo $y_i \in Y$ do
13. Calcular o valor médio ponderado da densidade de todos os atributos ($AvgDens(Y)$) utilizando a definição 3.4
14. Fim Para
15. Para todos os objectos $x_i \in X$, fazer
16. Calcular o valor da densidade ponderada para todos os objectos ($W\,ghtDens(x)$)
17. Fim Para
18. A partir do valor estimado da densidade ponderada de todos os objectos, escolher o valor limite θ.
19. Comparar o valor de ($W\,ghtDens(x)$) com o valor limite θ para determinar os valores anómalos.
20. Em seguida, os objectos aberrantes identificados são adicionados ao conjunto T.
21. retorno T.
22. Parar.

4.4 Estudo empírico

Para a análise, considere dois conjuntos universais, como dez clientes e supermercados com quatro atributos. O fuzzy intuicionista visualiza a relação entre clientes e supermercados. Em geral, os clientes dependem dos supermercados para as suas necessidades quotidianas, tais como artigos domésticos, mercearias, frutas, legumes e produtos lácteos. Por outro lado, os supermercados também são escolhidos com base na qualidade, no preço, nas ofertas e no pessoal.

Considere os clientes, C={C1, C2, C3, C4, C5, C6, C7, C8, C9, *C10}*. Um cliente escolhe inicialmente a localização, o tipo e o tamanho da loja antes de examinar o tipo de produto gordo a comprar. O cliente pode comprar produtos gordos normais ou de baixo custo, a localização do supermercado pode ser perto ou longe da casa do cliente, a loja pode ser uma mercearia ou um supermercado e a dimensão da loja pode ser grande ou pequena. Assim, cada um destes clientes pode escolher os supermercados pelos seguintes atributos *D = {F at, Location, T ype, Size}* respetivamente. Ao determinar os valores de afiliação e não afiliação (μ, γ), o gerente da loja avalia os clientes com base num conjunto de atributos *D*. O conjunto fuzzy intuicionista dos dois universos *C* e *D*, tal como indicado na Tabela 4.1, representa as caraterísticas de dez clientes em quatro atributos. De acordo com o interesse do cliente no grau de compra do produto, ou seja, o grau de adesão é de 50% (0,5), e se não estiver interessado em comprar, ou seja, o grau de não adesão é de 40% (0,4) denotado como (0,5, 0,4).

A relação de corte fuzzy intuicionista P_μ é considerada como (0,5, 0,3). Assim, o valor de

Quadro 4.1 Conjunto de dados para a venda de mercados

P	Gordura	Localização	Tipo	Tamanho
Ci	(0.5,0.4)	(0.5,0.4)	(0.4,0.4)	(0.6,0.2)
C2	(0.2,0.3)	(0.6,0.2)	(0.8,0.2)	(0.4,0.6)
C3	(0.2,0.3)	(0.6,0.2)	(0.9,0.1)	(0.4,0.6)
C4	(0.5,0.5)	(0.6,0.1)	(0.8,0.2)	(1,0)
C5	(0.8,0.2)	(0.9,0.1)	(0.7,0.2)	(0.7,0.1)
C6	(0,1)	(0.3,0.7)	(0.4,0.6)	(0.6,0.2)
C_7	(0.4,0.6)	(0.4,0.6)	(0.6,0.4)	(0.7,0.3)
C8	(0.3,0.5)	(0.9,0.1)	(0.8,0.2)	(0.4,0.6)
C9	(0.6,0.4)	(0.8,0.2)	(0.7,0.3)	(0.3,0.7)
C10	(0.3,0.1)	(1,0)	(0.9,0.1)	(0.9,0.1)

μ é superior ao valor de 0,5 e o valor de γ é inferior ao valor de 0,3, então o valor é denotado como 1, caso contrário é representado como 0. A Tabela 4.2 representa a relação binária do conjunto de dados do mercado de vendas. A gordura pode ser classificada como baixa ou regular, a localização como perto ou longe, o tipo como supermercado ou mercearia e o tamanho como grande ou pequeno. A Tabela 4.3 mostra a conversão de dois dados universais em dados categóricos.

Tabela 4.2 Relação binária dos atributos

P	Gordura	Localização	Tipo	Tamanho
Ci	0	0	0	1
C2	0	1	1	0
C3	0	1	1	0
C4	0	1	1	1
C5	1	1	1	1

C6	0	0	0	1
C7	0	0	0	1
C8	0	1	1	0
C9	0	1	1	0
C10	0	1	1	1

Agora, o algoritmo proposto, o método de deteção de valores anómalos baseado na densidade ponderada e na entropia bruta, é aplicado ao conjunto de dados para identificar os valores anómalos. Para cada atributo, o cálculo dos valores indiscerníveis utilizando a definição 3.2 é o seguinte

$$\frac{C}{IND(Fat)} = \left\{\{C_1, C_2, C_3, C_4, C_6, C_7, C_8, C_9, C_{10}\}, \{C_5\}\right\}$$

$$\frac{C}{IND(Location)} = \left\{\{C_1, C_6, C_7\}, \{C_2, C_3, C_4, C_5, C_8, C_9, C_{10}\}\right\}$$

Tabela 4.3 Conversão de dois dados universais em dados categóricos

Clientes	Gordura	Localização	Tipo	Tamanho
Ci	Baixa	Longe	Mercearia	Grande
C2	Baixa	Próximo	Supermercado	Pequeno
C3	Baixa	Próximo	Supermercado	Pequeno
C4	Baixa	Próximo	Supermercado	Grande
C5	Regular	Próximo	Supermercado	Grande
Ce	Baixa	Longe	Mercearia	Grande
C7	Baixa	Longe	Mercearia	Grande
C8	Baixa	Próximo	Supermercado	Pequeno
C9	Baixa	Próximo	Supermercado	Pequeno
C10	Baixa	Próximo	Supermercado	Grande

$$\frac{C}{IND(Type)} = \left\{\{C_1, C_6, C_7\}, \{C_2, C_3, C_4, C_5, C_8, C_9, C_{10}\}\right\}$$

$$\frac{C}{IND(Size)} = \left\{C_1, C_4, C_5, C_6, C_7, C_{10}\right\}$$

O segundo passo consiste em calcular a entropia complementar utilizando a definição 3.3 para cada atributo a partir dos valores indiscerníveis obtidos. A medida de entropia aproximada não devolve quaisquer valores incertos produzidos pela região de fronteira.

$$CmpEtrpy(Fat) = \frac{9}{10}(1 - \frac{9}{10}) + \frac{1}{10}(1 - \frac{1}{10}) = \frac{9}{50}$$

$$CmpEtrpy(Location) = \frac{3}{10}(1 - \frac{3}{10}) + \frac{7}{10}(1 - \frac{7}{10}) = \frac{21}{50}$$

$$CmpEtrpy(Type) = \frac{3}{10}(1 - \frac{3}{10}) + \frac{7}{10}(1 - \frac{7}{10}) = \frac{21}{50}$$

$$CmpEtrpy(Size) = \frac{6}{10}(1 - \frac{6}{10}) + \frac{4}{10}(1 - \frac{4}{10}) = \frac{24}{50}$$

O terceiro passo consiste em encontrar um peso médio, utilizando a definição 3.4 para cada atributo, a partir dos valores calculados da entropia bruta complementar. Em geral, a teoria algébrica utiliza um grau aproximado para calcular os pesos dos atributos. No entanto, em algumas situações, o peso dos atributos pode ser zero. Para ultrapassar este problema, a teoria da informação utiliza a informação de entropia para calcular os pesos quando o peso assume o valor zero.

$$Weight(Fat) = \frac{43}{52}$$

$$Weight(Location) = \frac{31}{52}$$

$$Weight(Type) = \frac{43}{52}$$

$$Weight(Size) = \frac{43}{52}$$

A estimativa dos valores de densidade ponderada dos objectos pode ser feita utilizando a definição 3.5, e os valores de limiar são fixados utilizando os valores de densidade ponderada obtidos. Finalmente, é detectado um outlier com base nos valores de limiar.

$$Weight\ of\ object(C_1) = \tfrac{9}{10} \times \tfrac{43}{52} + \tfrac{3}{10} \times \tfrac{31}{52} + \tfrac{3}{10} \times \tfrac{31}{52} + \tfrac{6}{10} \times \tfrac{28}{52} = 1.42$$

$$Weight\ of\ object(C_2) = 1.79; Weightofobject(C_3) = 1.79;$$

$$Weight\ of\ object(C_4) = 1.90; Weight\ of\ object(C_5) = 1.24;$$

$$Weight\ of\ object(C_6) = 1.42; Weight\ of\ object(C_7) = 1.42;$$

$$Weight\ of\ object(C_8) = 1.72; Weight\ of\ object(C_9) = 1.79;$$

$$Weight\ of\ object(C_{10}) = 1.90$$

Com base no limiar acima referido, o valor de estimativa do limiar é fixado em 1,42. A partir do cálculo acima, verifica-se que o objeto c5 é identificado como um outlier porque o valor de c5 é inferior ao nível do limiar.

4.5 Resultado experimental

O conjunto de dados Iris do repositório UCI foi utilizado para ilustrar o procedimento de trabalho do método proposto com 150 objectos e quatro atributos numéricos com um atributo de espécie. A implementação foi realizada com o processador Intel Pentium, um Giga Byte de RAM e o sistema operativo Windows 10. Para a análise, foram considerados todos os 150 objectos com quatro atributos numéricos: SepaLLength, SepaLWidth, Petal-Length e PetaLWidth. Todos os objectos do conjunto de dados da íris pertencem a três classes: Setosa, Versicolour e Virginica, que representam a planta da íris com todos os valores de largura e comprimento da pétala e da sépala em centímetros. Uma vez que o conjunto de dados é numérico, foi utilizada a escala de Likert para o converter em dados categóricos. Em seguida, o algoritmo proposto é aplicado para detetar valores anómalos.

Alguns dos algoritmos de máquina utilizados para a deteção de anomalias são o Clustering Based Local Outlier Fator (CBLOF), o Feature Bagging (FB), o Histogram Based Outlier Detection (HBOD), o Isolation Forest (IF), *o k-Nearest* Neighbour (*k-NN*) e o Average k-NN. No CBLOF, a classificação dos dados foi efectuada com grupos mais pequenos e maiores. A pontuação da anomalia é calculada identificando a distância entre os grupos vizinhos, bem como o tamanho do grupo a que pertence. Detecta 29 anomalias. No ensacamento de caraterísticas, *n* amostras são recolhidas aleatoriamente com base em subconjuntos de caraterísticas. Por predefinição, o estimador de base é um fator de anomalia local. No entanto, pode ser utilizado qualquer estimador, como o *k-NN*. A previsão de valores anómalos foi efectuada através de uma média de todos os estimadores de base ou valores máximos. Detecta 28 valores anómalos. O HBOD é uma aprendizagem não supervisionada que considera as caraterísticas de forma independente, e os valores atípicos são identificados com base na construção de histogramas. Detecta 28 valores anómalos. Nas florestas de isolamento, a partição dos dados é efectuada com a ajuda de árvores. Além disso, as pontuações dos valores atípicos são geradas com base em pontos que estão isolados da estrutura. O algoritmo *k-NN* e o algoritmo Avg *k-NN* atribuem pontuações de elementos aberrantes com base nos k-ésimos vizinhos mais próximos da sua localização e determinam as pontuações aberrantes como elementos aberrantes. *O k-NN* detecta 23 elementos aberrantes e o Avg *k-NN* detecta 12 elementos aberrantes.

O sistema proposto detecta os valores anómalos com base no método de deteção de valores anómalos de densidade ponderada por entropia aproximada (REBWDOD). Os valores de densidade ponderada são calculados com base em objectos e atributos. Em seguida, utilizando o valor limite, são determinados os valores anómalos. Os valores que são inferiores ao valor limite são designados por outliers. Dos 150 objectos, 37 são identificados como anómalos. A Figura 4.2 mostra uma comparação entre os métodos existentes e o método proposto.

Os métodos existentes e propostos são implementados em conjuntos universais únicos para detetar outliers. Como dois conjuntos de dados universais não estão disponíveis em repositórios públicos como UCI ou Kaggle, os autores formularam o conjunto de dados com valores de associação (μ) e não associação (γ) com base em uma pesquisa realizada entre 1000 clientes que compram o produto em diferentes supermercados (Sangeetha e Mary, 2020). A partir dos valores obtidos, a relação de corte fuzzy intuicionista é aplicada para converter os dois conjuntos de dados universais em dados categóricos, e o método proposto é aplicado para detetar valores anómalos nos mesmos. Identifica 116 valores anómalos em 1000 instâncias do conjunto de dados. A Figura 4.3 mostra o número de valores atípicos detectados em dois conjuntos universais em que os algoritmos existentes falharam neste cenário.

Densidade ponderada baseada na entropia bruta versus métodos existentes

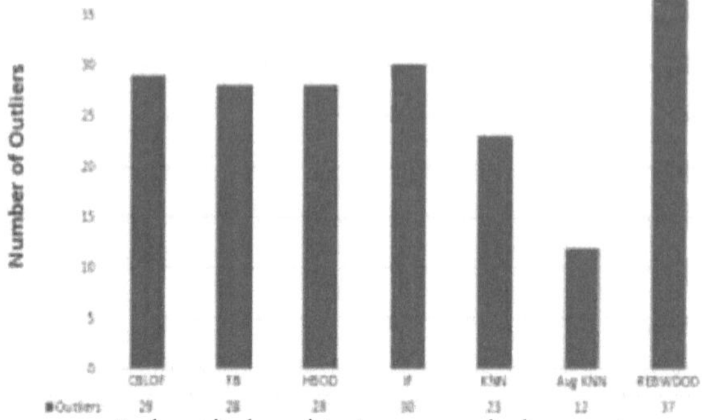

Fig. 4.2 Gráfico de comparação dos métodos existentes com o método proposto

4.5.1 Matriz de confusão para o conjunto de dados da íris

Para apresentar a exatidão do algoritmo proposto, é construída uma matriz de confusão para o conjunto de dados de referência Iris. Se o conjunto de dados for processado sem qualquer remoção de valores atípicos, a precisão é de 97,30%. Após a aplicação do método proposto e a remoção dos valores atípicos, obtém-se uma exatidão de 100%, o que se justifica com os parâmetros considerados para a avaliação. Os valores atípicos são removidos do conjunto de dados e os objectos normais são classificados em três classes, nomeadamente Setosa, Versicolour e Virginica.

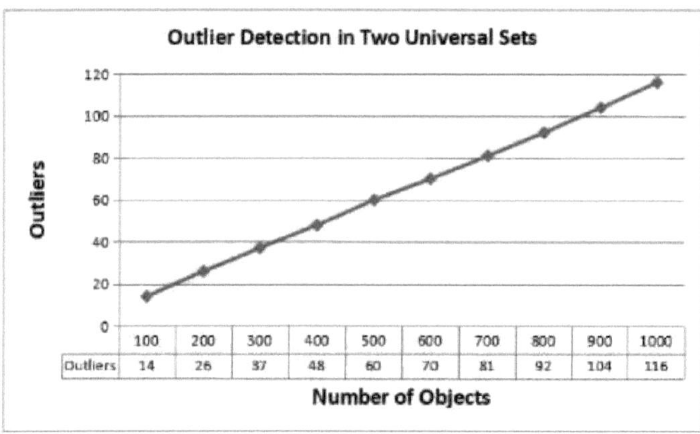

Fig. 4.3 Deteção de valores atípicos para o gráfico de desempenho em dois conjuntos universais

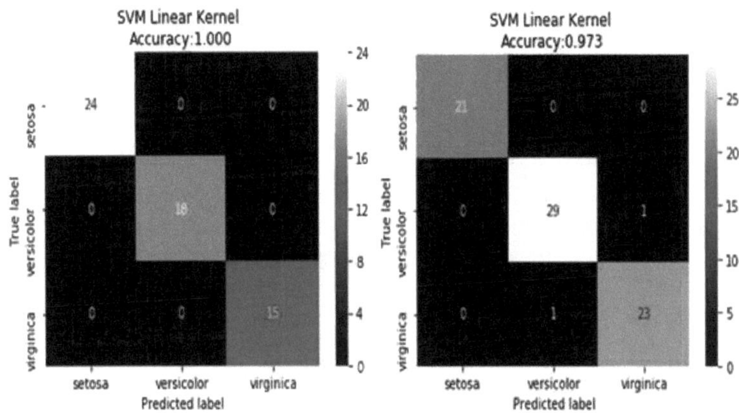

Fig. 4.4 Matriz de confusão para o conjunto de dados da íris

O desempenho do algoritmo foi apresentado visualmente em termos da tabela através de uma matriz de confusão que é mostrada na Fig. 4.4. Esta matriz representa os valores de verdadeiro positivo, verdadeiro negativo, falso positivo e falso negativo do conjunto de dados dado. Cada linha representa a classe prevista e as colunas representam a classe real. O conjunto de dados da íris tem três classes, pelo que é construído com uma matriz 3 × 3, com classes reais e previstas. A Figura 4.4 mostra a matriz de confusão de um conjunto de dados com e sem outliers.

As métricas utilizadas para avaliar o desempenho são discutidas na Secção 3.5.1. A Tabela 4.4 e a Tabela 4.5 mostram as medidas para um conjunto de dados antes e depois da remoção dos outliers.

Tabela 4.4 Precisão, recuperação e medida F1

Medidas	Precisão		Recall		Medida-F	
	Antes de Remoção de valores anómalos	**Após a remoção dos valores anómalos**	**Antes da remoção dos valores anómalos**	**Depois de Remoção de valores anómalos**	**Antes da remoção dos valores anómalos**	**Depois de Remoção de valores anómalos**
Classe 1	100%	100%	100%	100%	100%	100%
Classe 2	96.6%	100%	96.7%	100%	96%	100%
Classe 3	95.8%	100%	97%	100%	96%	100%
Média	97.4%	100%	97%	100%	97.2%	100%

Uma vez que o conjunto de dados considerado para dois conjuntos universais é fabricado, a matriz de confusão e os parâmetros utilizados para as medidas de precisão são apresentados para o banco de dados de um único universo.

Quadro 4.5 Sensibilidade, especificidade e exatidão

Medidas	Sensibilidade		Especificidade		Exatidão	
	Antes de Remoção de valores atípicos	**Depois de Remoção de valores atípicos**	**Antes de Remoção de valores atípicos**	**Depois de Remoção de valores atípicos**	**Antes de Remoção de valores atípicos**	**Depois de Remoção de valores atípicos**
Classe 1	100%	100%	100%	100%		
Classe 2	96.7%	100%	97%	100%	97.3%	100%
Classe 3	95.8%	100%	98%	100%		

Média	97%	100%	98%	100%		

O conjunto de dados da marca iris foi retirado do repositório da UCI. As mesmas medidas podem também ser aplicadas a dois conjuntos universais.

4.6 Estimativa de erros para clusters

A pontuação da silhueta é explicada sucintamente na secção 3.5.3. A pontuação da silhueta gerada após a remoção dos outliers para o conjunto de dados da íris, utilizando a metodologia proposta, forma um agrupamento *k-Means* com 0,584, um agrupamento aglomerativo com 0,573 e DB-Scan com 0,502. Mas o método do fator de outlier local forma um cluster *k-Means* com 0,550, um cluster aglomerativo com 0,554 e DB-Scan com 0,496. A Tabela 4.6 mostra claramente que a metodologia proposta é mais eficaz quando comparada com as metodologias existentes para a criação de clusters.

Tabela 4.6 Pontuação da silhueta - conjunto de dados da íris

Método de deteção de outlier	**Pontuação da silhueta**		
	k-Médias	**Aglomerativo**	**DB-Scan**
Método de deteção de anomalias por densidade ponderada com base na entropia aproximada	0.584	0.573	0.502
Fator local de exceção	0.550	0.554	0.496

4.6.1 Estimativa de erros para outliers

O método dos mínimos quadrados ordinários (OLS) foi utilizado para estimar o erro para os valores anómalos. O erro padrão foi reduzido quando os outliers foram removidos do conjunto de dados. As Figuras 4.5 e 4.6 mostram o valor do erro padrão dos conjuntos de dados antes e depois da remoção dos outliers.

	coef	**erro std**		**t** p>[t|	[G.025	6.575]
const	6.4312	0.431	13.466	a.eθe	5.530	7.432
sepa!largura	-a.2θS9	a.156	-1.335	a.133	-9.517	a. aза

Fig. 4.5 Estimativa de erro OLS para o conjunto de dados da íris - com outliers

	coef	**erro std**		**t** P> | t |	[0.025	**θ.975]**
const	3.5719	0.334	10.707	0.000	2.912	4.232
sepa!largura	-β.0357	0.θ55	-1.564	θ.12θ	-0.194	9.023

Fig. 4.6 Estimativa de erro OLS para o conjunto de dados da íris - sem outliers

Capítulo 5

DETECÇÃO DE OUTLIERS EM CONJUNTOS RUGOSOS MULTI-GRANULADOS UTILIZANDO O MÉTODO DA DENSIDADE PONDERADA DE ENTROPIA RUGOSA

5.1 Motivação

No capítulo anterior, a medida de entropia aproximada, a relação de proximidade difusa e as abordagens difusas intuitivas são utilizadas para a deteção de valores atípicos. A desvantagem do capítulo anterior é que os objectos de fecho do conjunto de dados podem, por vezes, ser considerados aberrantes. Até agora, apenas a extração, a seleção de caraterísticas, a redução de dados, as regras de decisão e a extração de padrões foram feitas em conjuntos rugosos multi-granulados. A abordagem proposta centra-se principalmente na deteção de valores anómalos com múltiplos grânulos. As aproximações do conjunto de dados serão obtidas através de relações de equivalência múltiplas. Muitos dos modelos existentes de conjuntos aproximados multi-granulados (MGRS) derivam do quadro de conjuntos aproximados teóricos de decisão multi-granulados. A teoria dos conjuntos aproximados multigranulados é muito desejável em muitas aplicações práticas, como a descoberta de conhecimento de alta dimensão, sistemas de informação distribuída e processamento de dados de múltiplas fontes (Sengupta *et al.*, 2013). O principal objetivo deste capítulo é induzir a aproximação de conjuntos, que é o processo de identificação de outliers utilizando um conjunto de aproximações. Estas são utilizadas para decidir se os outliers estão presentes no interior, no fecho ou no exterior do conjunto de dados.

Neste capítulo, a motivação e os trabalhos de investigação relacionados são abordados na Secção 5.1. O conceito de teoria dos conjuntos aproximados alargada é abordado na secção 5.2 e a teoria dos conjuntos aproximados multi-granulados é abordada na secção 5.3. Os diferentes tipos de métodos de redução de atributos são explicados na secção 5.4. O método proposto é abordado na secção 5.5 e o algoritmo proposto é explicado na secção 5.6. O estudo empírico é abordado na secção 5.7 e os resultados experimentais, a estimativa de erro dos clusters e os outliers são abordados na secção 5.8.

5.1.1 Análise da literatura relacionada

A teoria clássica dos conjuntos aproximados utiliza um único conceito de granulação. No entanto, foi alargada ao modelo de conjuntos aproximados baseado em multi-granulações (MGRS). As aproximações de conjuntos são definidas através da utilização de relações de equivalência múltiplas. Os grânulos de informação são uma coleção de entidades que são normalmente organizadas em conjunto devido à sua semelhança, funcionalidade ou adjacência física, etc. Um grânulo simples não pode ser decomposto ou formado por outros grânulos. Um grânulo composto é constituído por um grupo de grânulos interligados e em interação. Xu *et al.* (2011) investigaram outra versão generalizada, designada por conjuntos rugosos multigranulados de precisão variável. Yang *et al.* (2011) propuseram um conjunto aproximado multigranulado baseado apenas em relações binárias difusas. Lin *et al.* (*2012b*) investigaram um modelo de conjunto aproximado multigranulado baseado na vizinhança, mas este é utilizado para lidar com conjuntos de dados com caraterísticas híbridas. Liang *et al.*

(2012) propuseram um algoritmo eficiente de seleção de caraterísticas para conjuntos de dados de grande escala a partir da perspetiva da multi-granulação, mas demonstram apenas a utilidade da teoria MGRS.

5.2 Extensão da teoria dos conjuntos aproximados

No modelo clássico de conjuntos aproximados, a aproximação inferior pode ser determinada por classes de equivalência que são um subconjunto do conjunto complementar e, na aproximação superior, as classes de equivalência devem ser não vazias e sobrepor-se ao conjunto complementar. Não há tolerância a erros nesta abordagem clássica (Macia-Perez *et al.*, 2015). Nos conjuntos aproximados probabilísticos, os conceitos de aproximação baseiam-se na função de associação aproximada e no método de inclusão (Qian *et al.*, 2014). O modelo de conjuntos aproximados da teoria da decisão utiliza α e β para aceitação e rejeição e os valores são definidos entre 0 e 1.

No modelo de conjunto aproximado de Pawlak, as classes de equivalência devem ser reflexivas, simétricas e transitivas. Se a relação transitiva não permitir obter uma relação de equivalência, tem de ser substituída por uma relação de tolerância. Os conceitos de conjuntos aproximados são maioritariamente utilizados na classificação de dados. O modelo de conjunto aproximado de Pawlak é muito sensível a dados ruidosos. Pode ser identificado fixando um valor limiar probabilístico β no intervalo 0, 0,5 com base no nível de dados ruidosos. Isto pode ser conseguido através de um modelo de conjunto aproximado de precisão variável (Zhou *et al.*, 2004). Para tomar decisões inteligentes em situações críticas, foi utilizado um modelo de conjunto aproximado de teoria dos jogos. Cada jogador deve possuir o valor de α ou β com base na região do parâmetro. Os seus valores probabilísticos devem ser aumentados ou diminuídos ligeiramente. A diminuição do valor de α indica uma região positiva e o aumento do valor de β indica uma região negativa (Yao, 2007). No modelo de conjunto aproximado de granulação múltipla, as classes de equivalência múltipla são derivadas para atingir o objetivo (Yang *et al.*, 2019).

A estrutura granular foi introduzida através da relação de equivalência e não através da análise de dados de conjuntos aproximados. Este capítulo propõe a deteção de valores aberrantes de dados categóricos em conjuntos rugosos multi-granulares utilizando o método da densidade ponderada baseada na entropia rugosa. Na fase de pré-processamento, os valores aproximados inferior e superior são obtidos através de relações de equivalência múltipla. Ao nível do pós-processamento, é utilizada uma abordagem de densidade ponderada baseada na entropia bruta para identificar os valores anómalos.

5.3 Teoria dos conjuntos aproximados de multi-granulação

Qualquer sistema de informação tem *um* número n de atributos e objectos. Pode conter por vezes valores em falta ou nulos, que são designados por irregulares. Se um universo Z contiver objectos e atributos regulares, diz-se que é um sistema de informação completo; caso contrário, se tiver objectos irregulares e atributos que não são conhecidos, diz-se que é um sistema de informação incompleto (Lin *et al.*, *2012a*). A aproximação inferior do conjunto aproximado de Pawlak estava totalmente dependente de uma única relação binária, ao passo que, num conjunto aproximado multi-granulado, a aproximação inferior será derivada utilizando uma relação de equivalência múltipla (Qian *et al.*, 2009). Em ambos os casos, a aproximação superior será obtida com base no conjunto complementar de aproximações inferiores.

Considere Z o universo e A o conjunto, em que Y seja a partição de Z, então o conjunto $A \subseteq$

Y. O conceito de aproximação do SGRS é caracterizado da seguinte forma:

$$\underline{A} = \cup \{B \in \hat{Y} : B \subseteq A\} \quad (5.1)$$

$$\bar{A} = \cup \{B \in \hat{Y} : B \cap A \neq \phi\} \quad (5.2)$$

Além disso, a multi-granularidade otimista do modelo de conjunto aproximado fornece muitas estruturas granulares individuais que necessitam de, pelo menos, uma estrutura granular para satisfazer a condição de inclusão entre a classe de equivalência e o conjunto objetivo, enquanto no modelo de conjunto aproximado multi-granular pessimista, a estrutura granular do mínimo um deve ser uma intersecção não vazia do objetivo (Zhou *et al.*, 2011).

5.3.1 Conjunto de desbaste de granulação múltipla num sistema de informação completo

Num sistema de informação, qualquer valor de atributo é desconhecido, pode ser representado com um símbolo "*". Considere-se um objeto $X \in Z$, que tem apenas um valor para o atributo Y.

Se x_i estiver em falta, é representado com o símbolo "*". Se o sistema de informação não tiver um símbolo "*", diz-se que é um sistema de informação completo; caso contrário, é um sistema de informação incompleto.

Tomemos um conjunto de dados, $DS = (Z, X, Y)$ onde Z é o universo, X representa objectos e Y representa atributos. Sejam $\widehat{M}, \widehat{N}$ dois grânulos sobre o universo Z, em que $A \subseteq Z$. As aproximações inferior e superior do MGRS para o conjunto A são definidas nas Eqns. 5.3 e 5.4.

$$\underline{A} = \{a : \widehat{M}(a) \subseteq A \; or \; \widehat{N}(a) \subseteq A\} \quad (5.3)$$

$$\bar{A} = \sim (\sim A)\widehat{M} + \widehat{N} \quad (5.4)$$

O exemplo é apresentado para ilustrar o conceito de um sistema de informação completo e os cálculos envolvidos no MGRS na secção 5.7.1. Na Fig. 5.1, os pequenos círculos com a região sombreada $[a]_X$ e $[a]_Y$ são uma aproximação inferior no âmbito da MGRS e os grandes círculos com a região sombreada $[b]_X$ e $[b]_Y$ são uma aproximação inferior no âmbito da SGRS.

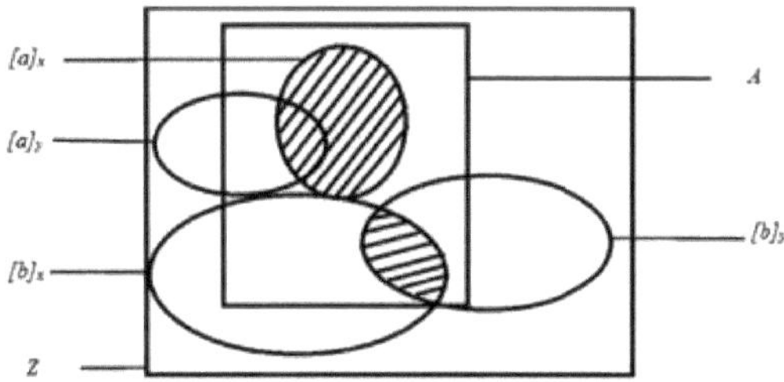

Fig. 5.1 Variações na SGRS e MGRS

5.4 Métodos de redução de atributos

Alguns dos métodos de redução de atributos são os seguintes

5.4.1 Redução em regiões positivas

Esta abordagem é utilizada para medir o atributo de condição que está presente numa tabela de decisão. Para selecionar os atributos, é necessário um tempo de cálculo adicional. Mas a abordagem de redução da região positiva reduz o tempo de cálculo de determinados atributos. A abordagem mais utilizada para a redução da região positiva é o método heurístico de redução de atributos (Rajeswari *et al.*, 2014).

5.4.2 Redução da entropia de Shannon

Na abordagem de redução de atributos por entropia de Shannon, as medidas de entropia são utilizadas para detetar os outliers. Esta abordagem é utilizada para estimar a redução relativa dos atributos de um sistema de informação para a tomada de decisões (Cole, 1993). Utilizando a entropia de Shannon ou a informação mútua, é quantificada a incerteza na teoria dos conjuntos aproximados e na técnica de medição da densidade ponderada. Na teoria do conhecimento de Shannon, o princípio da ambiguidade tem um sentido dividido ou de dois gumes. Shannon associa cada um deles a uma definição particular de conhecimento. O princípio do conhecimento de Shannon é designado por ambiguidade "desejável", os pormenores sobre a opção da informação presente na fonte. O princípio de informação II de Shannon é a informação na perspetiva do recetor da mensagem e a eliminação da ambiguidade do sinal para recuperar a informação em falta devido ao ruído. É sinónimo de incerteza "indesejável".

5.4.3 Redução da entropia de Liang

A redução de entropia de Liang emprega uma nova entropia de informação para caraterizar a incerteza de um sistema de informação. A entropia foi utilizada para minimizar as caraterísticas duplicadas (Tan *et al.*, 2018). Ao contrário da entropia de Shannon, esta entropia de informação pode ser utilizada para quantificar a imprecisão de uma escolha aproximada, bem como a complexidade de um sistema de informação na teoria dos conjuntos aproximados. Utilizando este procedimento de redução, a entropia condicional de uma determinada tabela de decisão pode ser mantida. Na realidade, o tipo de informação mútua entropia de Liang pode ser utilizado para construir a função heurística de um método de redução de atributos.

5.4.4 Redução da entropia combinada

Os objectos da mesma classe de equivalência não podem ser separados uns dos outros em geral, mas os objectos de classes de equivalência distintas podem ser distinguidos na teoria dos conjuntos aproximados (Qian *et al.*, 2010). Consequentemente, num sentido lato, o número total de pares de objectos no universo que podem ser distinguidos uns dos outros pode ser utilizado para caraterizar o conteúdo informativo de um determinado conjunto de atributos. A entropia condicional da entropia de combinação é utilizada para escolher um subconjunto de funções com base nesta consideração. Esta abordagem produzirá um subconjunto de atributos com o mesmo número de pares de elementos que podem ser distinguidos uns dos outros.

5.5 Modelo proposto

A deteção de valores atípicos desempenha um papel fundamental em todos os domínios de aplicação. Os valores em falta e os dados incompletos apresentados na tabela de dados são ambíguos e a compilação dos dados dá origem a resultados incorrectos. Para evitar este tipo de cenário, é necessária a deteção de valores atípicos.

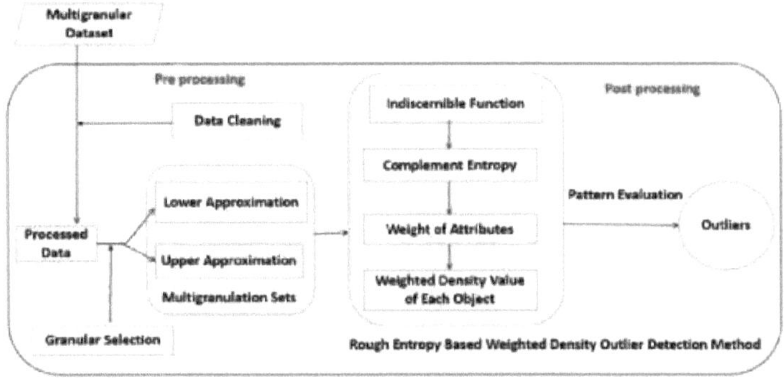

Fig. 5.2 Deteção de anomalias no MGRS

São utilizados vários métodos para a deteção de valores atípicos nos tipos de dados qualitativos, quantitativos e mistos. O modelo proposto detecta outliers no conjunto aproximado multi-granulado com valores aproximados inferiores e superiores. As aproximações são derivadas através de relações de multiequivalência com segmentos de atributos (Yang *et al.*, 2019). O input dado deve ser categórico. Na fase de pré-processamento, através da relação de multiequivalência, é derivada a aproximação inferior e superior do conjunto de dados. Em seguida, na fase de pós-processamento, o método de deteção de outliers baseado na medida de entropia do conjunto aproximado é aplicado aos conjuntos de aproximação. Utilizando o valor adequado para o limiar, os valores atípicos são identificados (Zhao *et al.*, 2014). As etapas são claramente apresentadas na Fig. 5.2.

5.6 Medida de entropia do conjunto aproximado com o método de deteção de anomalias por densidade ponderada

Um conjunto de dados pode incorporar informação em falta e alguns dados negativos e inválidos. Assim, o conjunto de dados caracteriza-se por ser pouco claro e deficiente. Para lidar com este contexto, é proposta uma medida de entropia baseada em conjuntos aproximados com um método de deteção de valores aberrantes de densidade ponderada para conjuntos aproximados multi-granulados. Com base na relação de equivalência múltipla, a aproximação superior e inferior será derivada (Zhou *et al.*, 2018). Na fase de pós-processamento, a relação de indiscernibilidade relativa aos objectos é determinada, os objectos que têm valores incertos são calculados através da medida de entropia complementar e, em seguida, os valores de densidade ponderada são calculados para cada atributo e objeto. A partir dos valores obtidos, é utilizado o valor limiar. Os valores inferiores ao valor limiar ou superiores ao valor limiar são designados por valores anómalos. As definições apresentadas na secção 3.2 são utilizadas para detetar os valores anómalos.

5.6.1 Algoritmo proposto

Nesta secção, é utilizado um método de deteção de anomalias baseado na densidade ponderada e na entropia aproximada para detetar anomalias, encontrando os pesos de cada atributo e objeto. Os passos seguintes devem ser seguidos para detetar os valores atípicos. O algoritmo proposto segue as abreviaturas indicadas:

DS : Conjunto de dados
Z : Universo
Y : Atributo

X : Objeto

T : Conjunto de outliers

θ Valor limiar

IND(Y) :Relação de indiscernibilidade

CmpEtrpy(Y) : Entropia do complemento

AvgDens(Y) : Valor médio ponderado da densidade do atributo y

WghtDens(X) : Valor da densidade ponderada do objeto x

Algoritmo 5.1: Método de deteção de valores atípicos de densidade ponderada com base na entropia bruta **Entrada:** Conjuntos de dados *DS*(Z, X, Y) e θ como valor limite.

Saída: O conjunto T contém dados anómalos.

1. Início
2. Introduzir o conjunto de dados.
3. Aplicar a relação de equivalência múltipla ao conjunto de dados para determinar a aproximação superior e inferior
4. Siga os passos 5 a 21 para detetar valores anómalos na aproximação inferior.
5. Que T seja nulo.
6. Para cada atributo $y_i \in Y$ do
7. Calcular a relação de indiscernibilidade de todos os atributos *IND*(Y) utilizando a definição 3.2
8. Fim para
9. Para cada atributo $y_i \in Y$ do
10. Calcular a função de entropia complementar de todos os atributos (*CmpEtrpy*(Y)) utilizando a definição 3.3
11. Fim Para
12. Para cada atributo $y_i \in Y$ do
13. Calcular o valor médio ponderado da densidade de todos os atributos (*AvgDens*(Y)) utilizando a definição 3.4
14. Fim Para
15. Para todos os objectos $xi \in X$, fazer
16. Calcular o valor da densidade ponderada para todos os objectos (*W ghtDens*(x)) utilizando a definição 3.5
17. Fim Para
18. A partir do valor estimado da densidade ponderada de todos os objectos, escolher o valor limite θ.
19. Comparar o valor *de W ghtDens*(x) com o valor limite θ para determinar os valores anómalos.
20. Em seguida, os objectos aberrantes identificados são adicionados ao conjunto T.
21. retorno T.
22. Repetir os passos 5 a 21 para detetar os valores anómalos na aproximação superior.
23. Parar.

5.7 Um estudo empírico sobre um conjunto de dados de contratação

Consideremos o conjunto de dados de contratação recolhido por Komorowski *et al.* (1999), que foi utilizado para efeitos de classificação. O algoritmo proposto é explicado sucintamente através da recolha de 8 amostras do conjunto de dados que é apresentado na Tabela 5.1. O conceito de redução de atributos também é introduzido neste capítulo e é claramente explicado na secção 5.7.1 com um exemplo.

5.7.1 Redução de atributos

Tabela 5.1 Atributos do conjunto de dados de contratação

Objectos	**Atributos**			
	Grau	**Experiência**	**Referência**	**Decisão**
Ei	M. Técnica	Elevado	Grande	Sim
E2	Mestrado	Elevado	Grande	Sim
E3	Mestrado	Médio	Pequeno	Não
E4	Mestrado	Médio	Pequeno	Não
E5	Mestrado	Elevado	Pequeno	Não
E6	Mestrado	Médio	Médio	Sim
E7	M. Técnica	Baixa	Médio	Não
E8	M.E	Baixa	Médio	Não

Os conceitos de redução de atributos têm recebido mais importância nos conjuntos aproximados. Para manter um bom nível de precisão, o conjunto de dados original é reduzido em diferentes subfragmentos (Zhang *et al.*, 2019). O processo de seleção de atributos utiliza um método de redução para remover atributos que são considerados fracos (menos força) ou desnecessários. A Tabela 5.1 apresenta o conjunto de dados de contratação, com atributos condicionais como *{grau*, experiência, *referência}* e um atributo *{decisão}*.

A força das regras para o grau de atributo é a seguinte

- (Grau=M.Tech) → (Decisão =Sim), força da regra → 50%.
- (Grau=MSc) → (Decisão =Sim), força da regra → 40%.
- (Grau=MSc) → (Decisão =Não), força da regra → 60%.
- (Grau=M.Tech) → (Decisão =Não), força da regra → 50%.
- (Grau=ME) → (Decisão =Sim), força da regra → 100%.

A força das regras para a experiência de atributos é a seguinte:

- (Experiência=Alta) → (Decisão =Sim), força da regra → 66%.
- (Experiência=Média) → (Decisão=Não), força da regra → 66%.
- (Experiência=Alta) → (Decisão =Não), força da regra → 33%.
- (Experiência=Média) → (Decisão =Sim), força da regra → 33%
- (Experiência=Baixa) → (Decisão =Não), força da regra → 50%.
- (Experiência=Baixa) → (Decisão =Sim), força da regra → 100%.

A força das regras para a referência de atributos é a seguinte:

- (Referência=Grande) → (Decisão =Sim), força da regra → 100%
- (Referência=Pequena) → (Decisão =Não), força da regra → 100%
- (Referência=Média) → (Decisão =Sim), força da regra → 66%
- (Referência=Média) → (Decisão =Não), força da regra → 33%

Através da geração de regras, pode ser facilmente identificado que o atributo Grau e referência têm força máxima quando comparados com o atributo experiência. O atributo indispensável do conjunto de dados definido no quadro 5.2 é determinado com base na força ou na confiança da regra de associação. A regra é definida como o rácio entre as várias amostras E_i, que contêm a decisão E_i U e o número de amostras que contêm E_i (Li e Tang,

2018).

Quadro 5.2 Atributos indispensáveis

Objectos	Grau	Referência
E1	M. Técnica	Grande
E2	Mestrado	Grande
E3	Mestrado	Pequeno
E4	Mestrado	Pequeno
E5	Mestrado	Pequeno
E6	Mestrado	Médio
E7	M. Técnica	Médio
E8	M.E	Médio

O método dos conjuntos aproximados de granulação múltipla utiliza uma relação de equivalência múltipla para obter uma aproximação inferior e superior para o grau do atributo e a referência, que são designados por *M* e *N*, respetivamente. *A* partir do quadro 5.1, considere-se $A = \{E_1, E2, E6, E8\}$, e $(\widehat{M \cup N}) = \{\{E_1\}, \{E2\}, \{E3, E4, E5\}, \{E6\}, \{E7\}, \{E8\}\}$. A aproximação inferior é $\underline{A}^{\hat{M}+\hat{N}} = \{E_1, E_2,$ e a aproximação superior é $\bar{A}^{\hat{M}+\hat{N}} = \{E_1, E_2, E_6, E_7, E_8\}$. Ao aplicar o método proposto, o objeto $E8$ é detectado como um outlier e, quando a abordagem é alargada ao nível de aproximação superior, o objeto $E7$ é detectado como um outlier. Os valores obtidos são claramente explicados na secção 5.7.2 e na secção 5.7.3.

5.7.2 Conceito de aproximação num conjunto aproximado de granulação múltipla

Com base na decisão = "sim", seja $A = \{E1, E2, E6, E8\}$ e considere os atributos Grau e Referência que são representados por *M* e TV, respetivamente. De seguida, as três classes de equivalência obtidas a partir da Tabela 5.2 são as seguintes

$$\widehat{M} = \{\{E_1, E_7\}, \{E_2, E_3, E_4, E_5, E_6\}, \{E_8\}\}$$

$$\widehat{N} = \{\{E_1, E_2\}, \{E_3, E_4, E_5\}, \{E_6, E_7, E_8\}\}$$

$$\widehat{M \cup N} = \{\{E_1\}, \{E_2\}, \{E_3, E_4, E_5\}\{E_6\}, \{E_7\}, \{E_8\}\}$$

Depois, aplicando a Eqn. 5.3, obtém-se a aproximação inferior do conjunto de dados com relação de multiequivalência.

$$\widehat{M} = \{\{E_1, E_7\}, \{E_2, E_3, E_4, E_5, E_6\}, \{E_8\}\}$$

$$A = \{E_1, E_2, E_6, E_8\}$$

$$\underline{A}_{\widehat{M}} = \{E_8\}$$

$$\widehat{N} = \{\{E_1, E_2\}\{E_3, E_4, E_5\}\{E_6, E_7, E_8\}\}$$

$$A = \{E_1, E_2, E_6, E_8\}$$

$$\underline{A}_{\widehat{N}} = \{E_1, E_2\}$$

Por conseguinte,

$$\underline{A}_{\widehat{M}+\widehat{N}} = \{E_8\} \cup \{E_1, E_2\} = \{E_1, E_2, E_8\}$$

A aproximação superior com relação de multiequivalência baseada na Eqn. 5.4 é a seguinte

$$\widehat{M} = \{\{E_1, E_7\}, \{E_2, E_3, E_4, E_5, E_6\}, \{E_8\}\}$$

$$A = \{E_1, E_2, E_6, E_8\}$$

$$\bar{A}^{\widehat{M}} = \{E_1, E_2, E_3, E_4, E_5, E_6, E_7, E_8\}$$

$$\widehat{N} = \{E_1, E_2\}\{E_3, E_4, E_5\}\{E_6, E_7, E_8\}$$

$$A = \{E_1, E_2, E_6, E_8\}$$

$$\bar{A}_{\widehat{N}} = \{E_1, E_2, E_6, E_7, E_8\}$$

Por conseguinte,

$$\bar{A}_{\widehat{M}+\widehat{N}} = \{E_1, E_2, E_3, E_4, E_5, E_6, E_7, E_8\} \cap \{E_1, E_2, E_6, E_7, E_8\} = \{E_1, E_2, E_6, E_7, E_8\}$$

5.7.3 Deteção de valores atípicos no conjunto aproximado de granulação múltipla

O conjunto rugoso de granulação múltipla é uma extensão da teoria clássica dos conjuntos rugosos (RST) que suporta múltiplas estruturas granulares (Bello e Falcão, 2017). Esta abordagem depende principalmente de relações de tolerância multi-fuzzy (Ding *et al.*, 2020). Através de relações de equivalência múltipla, são derivadas aproximações inferiores e superiores. Em seguida, a medida de entropia baseada em conjuntos aproximados com o método de deteção de valores aberrantes de densidade ponderada foi aplicada aos valores do conjunto de aproximação inferior, para detetar valores aberrantes que são apresentados no quadro 5.3.

Tabela 5.3 Aproximação inferior

Objectos	Grau	Experiência	Referência
E1	M. Técnica	Elevado	Grande
E2	M. Técnica	Elevado	Grande
E8	ME	Elevado	Médio

A relação de indiscernibilidade é calculada para cada atributo utilizando a definição 3.2. Os objectos com valores semelhantes baseados nos atributos são definidos da seguinte forma:

$$\frac{E}{IND(Degree)} = \Big\{\{E_1, E_2\}, \{E_8\}\Big\}$$

$$\frac{E}{IND(Experience)} = \Big\{\{E_1, E_2, E_8\}\Big\}$$

$$\frac{E}{IND(Reference)} = \Big\{\{E_1, E_2\}, \{E_8\}\Big\}$$

A função de entropia complementar é calculada para cada atributo com a relação indiscernível obtida, utilizando a definição 3.3

$$CE(Degree) = \frac{2}{3}(1 - \frac{2}{3}) + \frac{1}{3}(1 - \frac{1}{3}) = \frac{4}{9}$$

$$CE(Experience) = \frac{3}{9}$$

$$CE(Reference) = \frac{4}{9}$$

O peso de cada atributo é calculado adicionando o número total de atributos com a função de entropia complementar utilizando a definição 3.3.

$$WeightofAttribute(Degree) = \frac{5}{12}$$

$$WeightofAttribute(Experience) = \frac{6}{12}$$

$$WeightofAttribute(Reference) = \frac{5}{12}$$

Peso do atributo (grau) =
Oito de Atributo (Experiência)
WeightofAttribute(Referência)

O peso de cada objeto é calculado pela soma do produto do peso dos atributos com objectos indiscerníveis, utilizando a definição 3.4.

$$W(E_1) = \tfrac{2}{3} \times \tfrac{5}{12} + 1 \times \tfrac{6}{12} + \tfrac{2}{3} \times \tfrac{5}{12} = 1.05$$

$$W(E_2) = 1.05, W(E_8) = 0.91$$

A partir dos valores estimados da densidade ponderada, o valor limite é 1,05. O objeto *E8* é identificado como um outlier porque o valor de *E8* é inferior ao valor limite. No entanto, a metodologia proposta também é aplicada aos conjuntos de aproximação superior para detetar objectos aberrantes, que são apresentados na Tabela 5.4.

Quadro 5.4 Aproximação superior

Objectos	Grau	Experiência	Referência
E1	M.	Elevado	Grande

	Técnica		
E2	M. Técnica	Elevado	Grande
E6	Mestrado	Elevado	Médio
E7	M. Técnica	Elevado	Médio
E8	M.E	Elevado	Médio

A relação de indiscernibilidade é calculada para cada atributo utilizando a definição 3.2. Os objectos com valores semelhantes baseados em atributos são definidos da seguinte forma:

$$\frac{E}{IND(Degree)} = \Big\{\{E_1, E_2, E_7\}, \{E_7\}, \{E_8\}\Big\}$$

$$\frac{E}{IND(Experience)} = \Big\{\{E_1, E_2, E_6, E_7, E_8\}\Big\}$$

$$\frac{E}{IND(Reference)} = \Big\{\{E_1, E_2\}, \{E_6, E_7, E_8\}\Big\}$$

A função de entropia complementar é calculada para cada atributo com a relação indiscernível obtida, utilizando a definição 3.3

CE(Grau) = 5(1 - |) + 5(1 - 1 + 1(1 - 1) = 215 de atributos com objectos indiscerníveis usando a definição 3.4.

$$CE(Degree) = \frac{3}{5}(1 - \frac{3}{5}) + \frac{1}{5}(1 - \frac{1}{5} + \frac{1}{5}(1 - \frac{1}{5}) = \frac{14}{25}$$

$$CE(Experience) = \frac{5}{25}$$

$$CE(Reference) = \frac{12}{25}$$

O peso de cada atributo é calculado adicionando o número total de atributos com a função de entropia complementar utilizando a definição 3.3.

$$Weightof Attribute(Degree) = \frac{39}{30}$$

$$Weightof Attribute(Experience) = \frac{20}{30}$$

$$Weightof Attribute(Reference) = \frac{13}{30}$$

Peso do atributo (grau) =
Oito de Atributo (Experiência)
W eightof Attribute(Ref erence)

O peso de cada objeto é calculado pela soma do produto do peso dos atributos com objectos indiscerníveis, utilizando a definição 3.4.

$$W(E_1) = \frac{3}{5} \times \frac{39}{30} + \frac{5}{5} \times \frac{20}{30} + \frac{2}{53} \times \frac{13}{30} = 1.62$$

$$W(E_2) = 1.62, W(E_6) = 1.18$$

$$W(E_7) = 1.70, W(E_8) = 1.18$$

A partir dos valores estimados da densidade ponderada, o valor limite é 1,62. O objeto *E7* é identificado como um outlier porque o valor de *E7* é superior ao valor limite.

5.8 Análise experimental

Foram selecionados conjuntos de dados de referência do repositório UCI para ilustrar o procedimento de trabalho do método proposto. O conjunto de dados sobre o cancro da mama tem 286 objectos e nove atributos com um atributo de classe. Entre os 286 objectos, existem nove valores em falta, pelo que, para tornar o conjunto de dados equilibrado, algumas das classes maioritárias são removidas aleatoriamente e tornadas iguais às classes minoritárias através do método de subamostragem. Além disso, o conjunto de dados de xadrez foi utilizado para análise. O conjunto de dados de xadrez tem 3196 objectos e 36 atributos sem valores em falta. A implementação foi realizada com o processador Intel Pentium, um Giga Byte de RAM e o sistema operativo Windows 10. A medida de entropia baseada em conjuntos aproximados com o método de deteção de outliers de densidade ponderada é aplicada ao conjunto de dados e comparada com os métodos de deteção de outliers existentes para provar a sua eficiência. A Figura 5.3 mostra o gráfico de comparação entre os métodos proposto e existente. O desempenho dos valores de densidade ponderada com base na entropia aproximada foi comparado com vários algoritmos de deteção de valores atípicos existentes, como o k-vizinho mais próximo, o *k-NN* médio, a sequência de valores atípicos baseada no histograma, o ensacamento de caraterísticas, a floresta de isolamento e o fator local de valores atípicos (Ghosh *et al.*, 2021). Um algoritmo de deteção de valores atípicos de densidade ponderada baseado na entropia aproximada (REBWDOD) determina os valores atípicos tendo em conta a relação indiscernível, a entropia complementar e o cálculo dos valores médios de densidade ponderada de todos os atributos e objectos.

5.8.1 Métricas utilizadas para avaliar o desempenho

As métricas utilizadas para avaliar o desempenho do algoritmo são explicadas resumidamente na secção 3.5.1. O desempenho da metodologia proposta antes e depois da redução de outliers para os conjuntos de dados do cancro da mama e do xadrez é apresentado nas Tabelas 5.5 e 5.6.

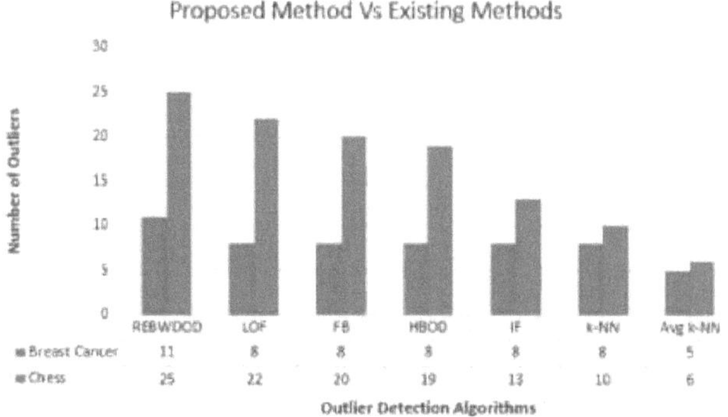

Fig. 5.3 Gráfico de comparação entre os métodos de deteção de outliers proposto e existente.

Tabela 5.5 Medidas de desempenho do conjunto de dados do cancro da mama

Medidas	**Com valores anómalos**	**Sem valores anómalos**
Precisão	100%	100%
Recall	91.67%	95.71%
Medida-F	95.65%	97.81%
Exatidão	91.67%	95.71%

5.8.2 Estimativa de erro para clusters

A pontuação da silhueta é explicada sucintamente na secção 3.5.3. A pontuação da silhueta gerada após a remoção dos outliers para o conjunto de dados do cancro da mama, utilizando a metodologia proposta, forma um agrupamento k-Means com 0,552, um agrupamento aglomerativo com 0,565 e DB-Scan com 0,592. Mas o método do fator de outlier local forma um agrupamento *k-Means* com 0,498, um agrupamento aglomerativo com 0,503 e um DB-Scan com 0,491. Além disso, a pontuação da silhueta gerada após a remoção dos outliers para o conjunto de dados de xadrez, utilizando a metodologia proposta, forma um agrupamento *k-Means* com 0,567, um agrupamento aglomerativo com 0,534 e DB-Scan com 0,460. Mas o método do fator de outlier local forma um cluster *k-Means* com 0,498, um cluster aglomerativo com 0,408 e DB-Scan com 0,428. As tabelas 5.7 e 5.8 mostram claramente que a pontuação da silhueta gerada após a remoção dos outliers utilizando a metodologia proposta é mais eficaz quando comparada com as metodologias existentes para a criação de clusters.

Tabela 5.6 Medidas de desempenho do conjunto de dados de xadrez

Medidas	**Com valores atípicos**	**Sem valores anómalos**
Precisão	100%	100%
Recall	91.55%	93.24%
F1-Medida	95.59%	96.50%
Exatidão	91.55%	93.24%

Tabela 5.7 Pontuação da silhueta - conjunto de dados do cancro da mama

Método de deteção de outlier	**k-Médias**	**Aglomerativo**	**DB-Scan**
Método de deteção de anomalias por densidade ponderada com base na entropia aproximada	0.552	0.565	0.592
Fator local de exceção	0.498	0.503	0.491

Tabela 5.8 Pontuação da silhueta - conjunto de dados de xadrez

Método de deteção de outlier	**k-Médias**	**Aglomerativo**	**DB-Scan**
Método de deteção de anomalias por densidade ponderada com base na entropia aproximada	0.567	0.534	0.460
Fator local de exceção	0.498	0.408	0.428

5.8.3 Estimativa de erros para outliers

O método dos mínimos quadrados ordinários (OLS) foi utilizado para estimar o erro para os valores aberrantes. O erro padrão foi reduzido quando os outliers foram removidos do conjunto de dados. As figuras 5.4, 5.5, 5.6 e 5.7 mostram o valor do erro padrão dos conjuntos de dados antes e depois da remoção dos outliers.

	coef	erro std	t	P>| t	[0.025	0.975]
const	0.4309	0.063	6.457	0.000	0.305	9.572
C	0.3832	0.016	56.818	0.000	B.853	B.914

Fig. 5.4 Estimativa do erro OLS para o conjunto de dados do cancro da mama - com outliers

	coef	erro std		tP>| t	[6.025	0.975]
const	0.4526	0.054	8.423	0.000	0.347	0.558
C	0.8959	0.012	75.096	0.000	0.873	θ.919

Fig. 5.5 Estimativa de erro OLS para o conjunto de dados do cancro da mama - sem outliers

	coef	≡td err	t	P> | t |	[6.025	0.975]
const	-0.3665	0.θ40	-9.188	0.000	-0.445	-0.288
C	0.4164	0.010	43.32θ	0.000	0.397	0.435

Fig. 5.6 Estimativa de erro OLS para o conjunto de dados de xadrez - com valores anómalos

		coeferro std	t	P> | t |	[6.025	0.975]
const	1.2215	0. 393	3.109	0.003	0.429	2.014
C	0.1438	0.071	2.037	θ.048	0.001	θ.286

Fig. 5.7 Estimativa de erro OLS para o conjunto de dados de xadrez - sem outliers

Capítulo 6

DETECÇÃO DE OUTLIERS EM CONJUNTOS NEUTROSÓFICOS UTILIZANDO O MÉTODO DA DENSIDADE PONDERADA BASEADA NA ENTROPIA APROXIMADA

6.1 Motivação

Muitos dos dados do mundo real têm um problema de inconsistência, indeterminação e incompletude. Os conjuntos difusos fornecem uma solução para as incertezas e os conjuntos difusos intuicionistas tratam a informação incompleta, mas ambos os conceitos não conseguem tratar a informação indeterminada. Para lidar com esta situação complicada, os investigadores necessitam de uma ferramenta matemática poderosa, designada por conjuntos neutrosóficos, que é um conceito generalizado de conjuntos difusos e difusos intuitivos. Os conjuntos neutrosóficos fornecem uma solução para a informação incompleta e indeterminada. Têm principalmente três graus de associação, como a verdade, a indeterminação e a falsidade. A neutrosofia é o estudo das neutralidades, que é uma extensão do debate sobre a verdade das opiniões. Envolve também a análise dos conjuntos neutrosóficos, a probabilidade, a lógica e a estatística. A lógica neutrosófica pode ser aplicada a qualquer domínio, para fornecer a solução para o problema da indeterminação. Os valores booleanos são obtidos a partir dos três graus de associação através do método da relação de corte. Este capítulo aborda a deteção de valores atípicos em conjuntos neutrosóficos utilizando o método de deteção de valores atípicos por densidade ponderada baseado na entropia aproximada.

6.1.1 Análise da literatura relacionada

Zadeh (1965) desenvolveu o conceito de conjunto difuso. Desde então, a lógica difusa e os seus conjuntos têm sido utilizados para lidar com a incerteza. No universo, *U*, em que *F* é um único conjunto difuso e μ_{Ff} serve para determinar o grau de pertença, tal como μ_{Ff} pertence a [0,1]. Uma vez que μ_{Ff} por si só é incerto, é um desafio determinar se pertence ou não a um conjunto (Abiodun *et al.*, 2019). O cálculo das incertezas no grau de pertença foi derivado em valores intervalares para o conjunto difuso. A fusão de informações e do sistema de crenças não só apoiou os valores de verdade, mas, nalguns casos, a informação de falsidade também foi tida em consideração. O conjunto difuso padrão e o conjunto difuso com valor intervalar não conseguiram lidar com esta situação (Tripathy e Acharjya, 2013).

O conceito de conjunto fuzzy intuicionista foi desenvolvido pela primeira vez por Atanassov (1999), que suporta tanto conjuntos fuzzy como conjuntos fuzzy intervalados, considerando os valores de associação dos valores de verdade e falsidade (Dhanusha e Kumar, 2021). Não podia tratar informações indeterminadas ou inconsistentes, como as informações incompletas, geralmente disponíveis nos sistemas de crença. Por defeito, o conjunto fuzzy intuicionista utiliza a fórmula para calcular a indeterminação (1-verdade-falsidade). Mas, no caso de um conjunto neutrosófico, os valores de associação, como verdade, indeterminação e falsidade, são independentes. Smaran- dache (2006) introduziu o conceito de neutrosofia, que significa o seu início, âmbito e essência de neutralidades. Também generaliza o conceito de conjuntos fuzzy clássicos, fuzzy intervalares e fuzzy intuicionistas.

Wang *et al.* (2010) propuseram conjuntos neutrosóficos de valor único (SVNSs) através da simplificação de conjuntos neutrosóficos. Zavadskas *et al.* (2017) propuseram um método de avaliação do valor de mercado multi-atributo neutrosófico de valor único e aplicaram este método à avaliação de mercado sustentável do Hospital Universitário de Croydon. Ye (2013) propôs medidas de semelhança entre conjuntos neutrosóficos intervalares que são aplicadas a problemas de tomada de decisão multicritério num ambiente neutrosófico intervalar. Guo *et al.* (2017) propuseram um novo modelo de conjunto aproximado com espaços de aproximação neutrosóficos generalizados de valor único e sua aplicação.

Os conjuntos neutrosóficos fornecem o quadro geral para analisar as incertezas presentes no conjunto de dados. Os trabalhos de investigação realizados até à data sobre conjuntos neutrosóficos centraram-se apenas na tomada de decisões. No entanto, a metodologia proposta mostra que a deteção de valores atípicos também é possível em conjuntos neutrosóficos, mesmo que o conjunto de dados tenha valores de relação de verdade, indeterminação e falsidade. Uma vez que são independentes uns dos outros, a deteção de valores atípicos é possível em conjuntos neutrosóficos. A metodologia proposta, a deteção de anomalias por densidade ponderada baseada na entropia bruta, foi utilizada para identificar e eliminar anomalias. Não existe nenhum conjunto de dados neutrosóficos disponível em repositórios. Assim, foi preparado um questionário e realizado um inquérito entre estudantes universitários para obter o conjunto de dados neutrosóficos. Assim, com o método proposto, os valores anómalos são identificados a partir do conjunto de dados neutrosóficos e do conjunto de dados de referência.

Neste capítulo, a motivação e a revisão da literatura relacionada são abordadas na secção 6.1 e o conceito de conjunto neutrosófico é abordado na secção 6.2. Os conjuntos neutrosóficos de valor único são explicados na secção 6.3. O fluxo de trabalho da metodologia proposta é analisado na secção 6.4 e o estudo empírico é analisado na secção 6.5. Os resultados experimentais e a estimativa de erro de clusters e outliers são discutidos na Secção 6.6.

6.2 Conjunto Neutrosófico

Consideram-se pontos no espaço ou objectos, em que o elemento genérico X é denotado por x. O conjunto neutrosófico S em X pode ser representado com funções de afiliação como a verdade, a indeterminação e a falsidade. Os valores de associação ($TS(x)$, $IS(x)$, $FS(x)$) podem ser subconjuntos reais normalizados ou não normalizados de $]0^-, 1^+[$. A soma da verdade $TS(x)$, da indeterminação $IS(x)$ e da falsidade $FS(x)$ pode ser de qualquer valor sem restrições. A representação é a seguinte:

$$TS(X) \rightarrow]0^-, 1^+[\qquad (6.1)$$

$$IS(X) \rightarrow]0^-, 1^+[\qquad (6.2)$$

$$FS(X) \rightarrow]0^-, 1^+[\qquad (6.3)$$

Um objeto x é representado como um conjunto neutrosófico S, tal como $TS, IS, FS \in S$. O TS, IS e FS podem ser os subconjuntos de não-padrão ou real $]0^-, 1^+[$. Do ponto de vista analítico, a neutrosofia generaliza o conceito de conjuntos fuzzy clássicos, fuzzy intervalares e fuzzy intuicionistas (Tan *et al.*, 2018). Mas no domínio da engenharia e da ciência, os conjuntos neutrosóficos são determinados para serem específicos. Assim, só podem ser aplicados em aplicações em tempo real.

Em tendências recentes, o conjunto neutrosófico foi combinado com conjuntos aproximados para determinar a rugosidade e o seu intervalo como conjuntos aproximados neutrosóficos. A aproximação do conjunto difuso foi efectuada com base numa aproximação nítida que resulta no conceito de conjuntos aproximados difusos (Mary *et al.*, 2014). Assim, o conceito de conjunto aproximado é introduzido com um conjunto neutrosófico para fornecer conhecimentos a partir de vários sistemas de informação. O conjunto neutro-sofálico é combinado com conjuntos aproximados para tratar dados vagos com aproximações como inferior e superior. Assim, o gráfico foi construído aplicando o conceito de modelo híbrido. Constrói um digrafo auto-complementar para conjuntos neutrosóficos aproximados em casos de tomada de decisões.

Os conjuntos neutrosóficos são simplificados para obter conjuntos neutrosóficos de valor único (SVNS), que são uma melhoria dos conjuntos difusos intuicionistas (IFS), em que as três funções de pertença, como a verdade, a indeterminação e a falsidade, não dependem umas das outras e os seus valores pertencem a um intervalo fechado unitário. Com a ajuda dos coeficientes de correlação, a tomada de decisões é efectuada. A Avaliação Proporcional Complexa - Conjunto Neutrosófico de Valor Único (COPRAS-SVNS) é utilizada para a tomada de decisões multicritério

6.3 Conjuntos neutrosóficos monovalorados

A abordagem SVNS é uma ilustração da abordagem neutrosófica e é utilizada em aplicações do mundo real, como no domínio da engenharia e em aplicações científicas. Considere os pontos de dados presentes no conjunto de dados denotados como X e os elementos genéricos denotados pela variável x (Lin *et al.*, 2014). Utilizando a função de associação de verdade, falsidade e indeterminação, o valor das funções de associação de valor único é classificado. Cada ponto de dados no conjunto de dados é representado pela utilização de $I_A(x)$, $F_A(x)$ e $T_A(x)$.

A complementação do conjunto neutrosófico é definida como $c(A)$, em que A indica o conjunto neutrosófico e c representa a complementação.

$$T_{c(A)}(x) = \{1+\} - T_A(x) \qquad (6.4)$$

Na Eq. 6.5, se o valor de x for contínuo, então o conjunto neutrosófico de valor único pode ser representado da seguinte forma

$$A = \int \langle T(x), I(x), F(x)\rangle / x, x \in X \qquad (6.5)$$

Na equação 6.6 acima, se o valor de x for discreto, então o conjunto neutrosófico de valor único pode ser representado da seguinte forma

$$A = \sum_{i=1}^{n} \langle T(x_i), I(x_i), F(x_i)\rangle / x_i, x_i \in X \qquad (6.6)$$

No conjunto neutrosófico de valor único, alguns dos parâmetros importantes para definir os outliers utilizados são a intersecção, o complemento e a inclusão (Lin *et al.*, 2014). A descrição de um conjunto neutrosófico de valor único é definida da seguinte forma: X é um ponto de dados, $\mu A\ (x\ )$ representa a verdade, $wA\ (x\ )$ representa a indeterminação e $vA\ (x\ )$ representa os valores de associação de falsidade O conjunto neutrosófico de valor único de Ae B é definido da seguinte forma:

$$A = \{x, \mu_A(x), w_A(x), v_A(x) > x \in X\} \tag{6.7}$$

$$B = \{x, u_B(x), w_B(x), vB(x) > x \in X\} \tag{6.8}$$

$$A \cup B = \{\langle x : \{max\ u_A(x), \mu_B(x)\}, max\{w_A(x), w_B(x)\}, min\{v_A(x), v_B(x)\}\rangle\}; \tag{6.9}$$

$$A \cap B = \{\langle x : \{max\ u_A(x), \mu_B(x)\}, max\{w_A(x), w_B(x)\}, min\ \{v_A(x), v_B(x)\}\rangle\}; \tag{6.10}$$

$$A \subseteq B\ if\ and\ only\ if\ u_A(x) \leq u_B(x), w_A(x) \geq w_B(x) and\ v_A(x) \geq v_B(x) \tag{6.11}$$

$$A = B\ if\ and\ only\ if A \subseteq B\ and\ B \subseteq A; \tag{6.12}$$

$$A^c = \{\langle x, v_A(x), 1 - w_A(x), \mu_A(x)\rangle\} \tag{6.13}$$

A abordagem resultante do conjunto neutrosófico absoluto representa que os valores de pertença são independentes uns dos outros. Os coeficientes de correspondência dos conjuntos neutrosóficos de valor único são utilizados para resolver problemas de tomada de decisões num conjunto neutrosófico, com três graus de associação aplicados aos coeficientes. Este método detecta os valores de entropia dos conjuntos neutrosóficos de valor único para promover uma tomada de decisão eficiente (Reddy *et al.*, 2013).

6.4 Modelo proposto

Como todos os aspectos do mundo são incertos, o conjunto neutrosófico emergiu e encontrou o seu lugar na investigação. Existem várias aplicações em diversos domínios, incluindo as tecnologias da informação e os sistemas de tomada de decisões, incluindo um sistema de base de dados, finanças e serviços Web. As noções neutrosóficas ajudam os investigadores a resolver problemas através de algoritmos adequados. O modelo proposto tem dois objectivos principais. Em primeiro lugar, na fase de pré-processamento, os dados brutos foram tomados como entrada, sob a forma de (*T, I, F*). Ao aplicar os valores da relação de corte (α, β, γ), a relação binária do conjunto de dados foi obtida através de valores de associação de verdade, indeterminação e falsidade. Em segundo lugar, na fase de pós-processamento, o conjunto de dados booleanos foi convertido em dados categóricos. Em seguida, é aplicado o algoritmo proposto de deteção de valores atípicos de densidade ponderada com base no método de entropia aproximada e é utilizado um valor limiar para detetar valores atípicos, como se mostra na Figura 6.1.

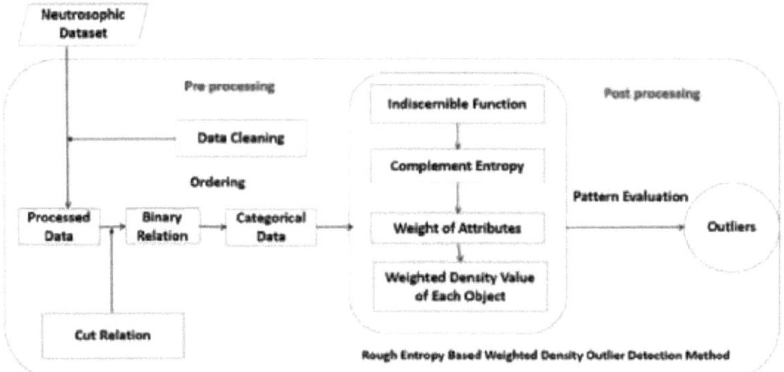

Fig. 6.1 Deteção de outlier num conjunto neutrosófico

6.4.1 Algoritmo proposto

Nesta secção, é utilizado um método de deteção de anomalias baseado na densidade ponderada e na entropia aproximada para detetar anomalias, encontrando os pesos de cada atributo e objeto. Os passos seguintes devem ser seguidos para detetar os valores atípicos. O algoritmo proposto segue as abreviaturas indicadas:

DS : Conjunto de dados
Z : Universo
Y : Atributo
X : Objeto
T : Conjunto de outliers
θ : Valor limiar

$IND(Y)$	Relação de indiscernibilidade
$CmpEtrpy(Y)$	Entropia do complemento
$AvgDens(Y)$	Valor médio ponderado da densidade do atributo y
$W\,ghtDens(X)$	Valor da densidade ponderada do objeto x

Algoritmo 6.1: Método de deteção de valores atípicos de densidade ponderada com base na entropia aproximada

Entrada: Conjunto de dados $DS(Z, X, Y)$ e θ é o valor do limiar.

Saída: O conjunto T contém dados anómalos.

1. Início
2. Introduzir o conjunto de dados neutrosóficos.
3. Aplicar a relação de corte para obter valores booleanos.
4. Converta os valores booleanos em dados categóricos aplicando a relação de ordenação.
5. Que T seja nulo.
6. Para cada atributo $y_i \in Y$ do
7. Calcular a relação de indiscernibilidade de todos os atributos $IND(Y)$ utilizando a definição 3.2
8. Fim Para
9. Para cada atributo $y_i \in Y$ do
10. Calcular a função de entropia complementar de todos os atributos $(CmpEtrpy(Y))$ utilizando a definição 3.3
11. Fim Para
12. Para cada atributo $y_i \in Y$ do
13. Calcular o valor médio ponderado da densidade de todos os atributos $(AvgDens(Y))$ utilizando a definição 3.4
14. Fim Para
15. Para todos os objectos $x_i \in X$, fazer
16. Calcular o valor da densidade ponderada para todos os objectos $(W ghtDens(x))$ utilizando a definição 3.5
17. Fim Para
18. A partir do valor estimado da densidade ponderada de todos os objectos, escolher o valor limite θ.
19. Comparar o valor *de* $W ghtDens(x)$ com o valor limite θ para determinar os valores anómalos.
20. Em seguida, os objectos aberrantes identificados são adicionados ao conjunto T.
21. retorno T.
22. Parar.

6.5 Estudo empírico

Foi realizado um inquérito geral através de um formulário de questionário geral sobre cinema com 12 perguntas. O questionário foi concebido de forma a conhecer o interesse dos estudantes universitários em ver filmes (Sangeetha e Mary, 2019). Destas, 4 perguntas foram concebidas sob a forma de neutrosofia com associação à verdade, associação à indeterminação e associação à falsidade. Para a análise, foi tida em consideração a Tabela 6.1, que tem 8 objectos com 4 atributos.

Os participantes são representados por $P = \{P1, P2, P3, P4, P5, P6, P7, P8\}$ e os atributos por $Q = \{download, internet, remake, pref\ erência\}$. O atributo internet indica se os estudantes universitários optam por ver os filmes nas salas de cinema ou através da internet. O atributo remake indica se os estudantes universitários estão ou não interessados em ver remakes de filmes. O atributo preferência indica o interesse dos estudantes universitários em ver filmes de terror, thriller ou sentimento. A representação do grau de associação para a verdade, a indeterminação e a falsidade é α, β e γ. A relação de corte de (α, β, γ) é fixada em (0,05, 0,90, 0,85). Isto indica que o valor de verdade não deve ser inferior a 0,05 e os valores de β e γ não devem ser superiores a 0,90 e 0,85. Se a condição for satisfeita, os dados são assinalados como 1 ou como 0, como mostra a Tabela 6.2.

Em seguida, converta os valores booleanos em dados categóricos, como mostra a Tabela 6.3. Classifique os atributos como descarregamento e Internet em Sim ou Não, o remake em Bom ou Mau e a preferência em Alta ou Baixa.

Tabela 6.1 Conjunto de dados de filmes

P	descarregar	Internet	remake	preferência
Pi	(0.05, 0.85,0.05)	(0.10, 0.25,0.65)	(0.50, 0.40,0.10)	(0.10, 0.05,0.85)
P2	(0.05, 0.90,0.05)	(0.10, 0.25,0.65)	(0.50, 0.40,0.10)	(0.10, 0.05,0.85)
P3	(0.05, 0.85,0.10)	(0.05,0.15,0.80)	(0.10, 0.85,0.05)	(0.40, 0.05,0.55)
P4	(0, 0.10, 0)	(0.70, 0, 0)	(0.80, 0, 0)	(0.30, 0, 0.70)
P5	(0.05, 0.90,0.05)	(0.05, 0.90,0.05)	(0.10, 0.80,0.10)	(0.15,0.15,0.70)
P6	(0.10, 0.20,0.70)	(0.90, 0.05,0.05)	(0.10, 0.75,0.75)	(0.30, 0.20,0.50)
P7	(0.10, 0.80,0.10)	(0.20, 0.80,0.10)	(0.10, 0.80,0.10)	(0.10, 0.10,0.90)
P8	(0.50, 0.25,0.25)	(0.70, 0.10,0.20)	(0.70, 0.20,0.10)	(0.50, 0.25,0.25)

Tabela 6.2 Relação de corte (α, β, γ)

P	descarregar	Internet	remake	preferência
Pi	0	1	1	1
P2	1	1	1	1
P3	1	1	1	1
P4	0	1	1	1
P5	0	0	1	1
P6	1	0	1	1
P7	1	1	1	1
P8	1	1	1	1

Tabela 6.3 Transformação de dados booleanos em dados categóricos

Participante	descarregar	Internet	remake	preferência
Pi	Não	Sim	Bom	Elevado
P2	Sim	Sim	Bom	Elevado
P3	Sim	Sim	Bom	Elevado
P4	Não	Sim	Bom	Elevado
P5	Sim	Não	Mau	Baixa
P6	Sim	Não	Bom	Elevado
P7	Sim	Sim	Bom	Elevado
P8	Sim	Sim	Mau	Baixa

Agora, o algoritmo proposto, o método de deteção de valores atípicos por densidade ponderada baseado na entropia bruta, foi implementado no conjunto de dados para identificar valores atípicos. Para cada atributo, os valores indiscerníveis devem ser calculados utilizando a definição 3.2:

$$Indiscernibilidade(download) = \{\{P_1, P_4\}, \{P_2, P_3, P_5, P_6, P_7, P_8\}\}$$

$$Indiscernibilidade(internet) = \{\{P_1, P_2, P_3, P_4, P_7, P_8\}, \{P_5, P_6\}\}$$

$$Indiscernibilidade(remake) = \{\{P_1, P_2, P_3, P_4, P_6, P_7\}, \{P_5, P_8\}\}$$

$$Indiscernibilidade(preferência) = \{\{P1, P2, P3, P4, P6, P7\}, \{P5, P8\}\}$$

Em seguida, para cada atributo, calcular a entropia complementar utilizando a definição 3.3 a partir dos valores indiscerníveis obtidos.

$$Entropia\ do\ complemento(download) = \frac{2}{8}(1-\frac{2}{8}) + \frac{6}{8}(1-\frac{6}{8}) = \frac{3}{8}$$

$$Complemento\ de\ entropia\ (internet) = \frac{6}{8}(1-\frac{6}{8}) + \frac{2}{8}(1-\frac{2}{8}) = \frac{3}{8}$$

$$C\ omplemento\ entropia(remake) = \frac{3}{8}$$

$$C\ omplemento\ entropia(pref\ erência) = \frac{3}{8}$$

Em seguida, encontre a média para cada atributo usando a definição 3.4 a partir do valor calculado da entropia bruta complementar

Peso do primeiro atributo (descarregamento) $= \frac{5}{12}$

W oito do primeiro atributo (internet) $= \frac{5}{12}$

Peso do primeiro atributo (remake) $= \frac{5}{12}$

Ponderação do primeiro atributo (preferência) $= \frac{5}{12}$

Para cada objeto, o valor da densidade ponderada deve ser calculado usando a definição 3.5. A partir desses valores, fixar o valor do limiar para identificar os outliers.

$$Weight\ of\ object\ P1 = \frac{2}{8} \times \frac{5}{12} + \frac{6}{8} \times \frac{5}{12} + \frac{6}{8} \times \frac{5}{12} + \frac{6}{8} \times \frac{5}{12} = 1.04$$

$Weight\ of\ object\ P_2 = 1.4$; $Weight\ of\ object\ P_3 = 1.4$; $Weight\ of\ object P_4 =$ 1.4;

$Weight\ of\ object P_5 = 1.6$; $Weight\ of\ object P_6 = 1.04$; $Weight\ of\ object P_7 =$ 1.4;

$Weight\ of\ object P_8 = 1.2$.

Se o valor limite for 1,4, os valores da densidade ponderada dos outros objectos parecem ser inferiores ou iguais a 1,4. Mas o objeto *P5* é detectado como um outlier porque o seu valor de densidade ponderada é superior a 1,4.

6.6 Análise experimental

Foi efectuado um inquérito geral sobre o interesse dos estudantes universitários em ver filmes, tendo sido tomado em consideração o tipo de dados neutrosóficos fabricados. A implementação foi efectuada com um processador Intel Pentium, um GigaByte de RAM e um sistema operativo Windows 10. Para a análise, foram considerados 1210 objectos com 4 atributos, como download, Internet, remake e preferência. Os valores de associação de verdade, indeterminação e falsidade são representados no conjunto de dados. Com a ajuda dos valores da relação de corte (α, β, γ), os dados neutrosóficos foram convertidos em valores booleanos. A condição é que o valor de verdade não deve ser inferior a α, e os valores de indeterminação e falsidade não devem ser superiores aos valores β e γ. Em seguida, os valores booleanos são convertidos em dados categóricos. Para a deteção de valores atípicos, o algoritmo proposto foi implementado utilizando a linguagem *C* com conceitos de conjuntos aproximados. *C* é uma linguagem poderosa e estruturada para desenvolver modelos matemáticos e complexos. O Rapid Miner 7 foi utilizado para detetar valores atípicos utilizando métodos baseados na distância, na densidade, no fator atípico local e no fator atípico de classe.

6.6.1 Comparação do método proposto com os métodos existentes

No método de deteção de objectos aberrantes baseado na distância, foi calculada a distância dos objectos ao seu k-ésimo vizinho e, em seguida, os objectos que estão significativamente distantes dos seus vizinhos são identificados como objectos aberrantes. Para o conjunto de dados de filmes neutrosóficos, 100 objectos anómalos são identificados pelo método de deteção de objectos anómalos baseado na distância.

A densidade foi comparada em torno dos objectos com os seus vizinhos a nível local. A densidade dos objectos não aberrantes é semelhante à densidade dos seus vizinhos e a densidade dos objectos aberrantes afasta-se significativamente dos seus vizinhos. Para o conjunto de dados de filmes neutrosóficos, não foram detectados objectos aberrantes pelo método de deteção de objectos aberrantes baseado na densidade. Com base nos vizinhos mais próximos, atribuir uma classificação a cada objeto de um conjunto de dados e determinar os objectos anómalos de classe superior. As *N* classes de outliers de alto nível são geradas com base na distância do k-ésimo vizinho mais próximo no método do fator de outlier de classe. São detectados 100 objectos anómalos pelo método do fator de classe anómala para o conjunto de dados de filmes neutrosóficos. Os objectos com valores de densidade mais baixos no método do fator de anomalias local foram identificados como "outliers".

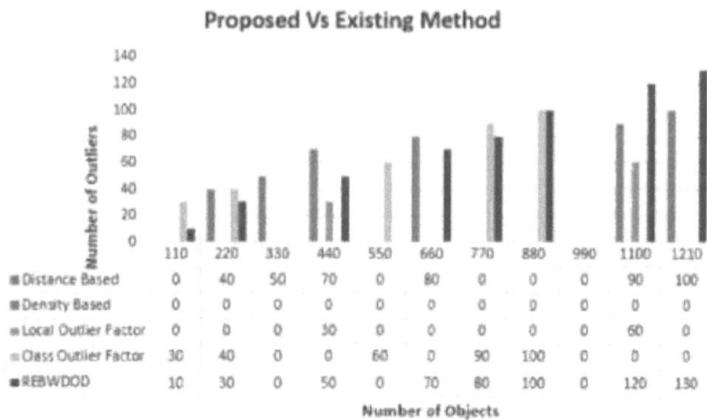

Fig. 6.2 Gráfico de comparação entre os métodos proposto e existente para o conjunto de dados de filmes neutrosóficos

vizinhos. O valor da densidade local é calculado entre os seus vizinhos. O valor de densidade mais baixo é identificado como um outlier quando comparado com o valor de densidade mais elevado. Este método permite detetar 60 valores atípicos no conjunto de dados de filmes neutrosóficos. O método proposto de deteção de valores anómalos de densidade ponderada com base na entropia (REBWDOD) calcula valores de densidade ponderada para cada linha e coluna. O método proposto detecta 130 valores anómalos no conjunto de dados de filmes neutrosóficos. A Figura 6.2 apresenta o gráfico de comparação do conjunto de dados de filmes para mostrar a eficiência do método proposto em relação aos métodos de deteção de anomalias existentes.

Além disso, foi utilizado o conjunto de dados de referência sobre automóveis do repositório UCI e o gráfico de comparação é apresentado na Fig. 6.3 para avaliar o desempenho do método proposto em relação aos métodos de deteção de anomalias da aprendizagem automática existentes. O conjunto de dados relativos a automóveis tem 1728 objectos e seis atributos sem valores em falta, em comparação com outros algoritmos de deteção de anomalias da aprendizagem automática, como o Local Outlier Fator (LOF), o Feature Bagging (FB), o Histogram Based Outlier Detection (HBOD), o Isolation Forest (IF), o k-Nearest Neighbour (*k-NN*) e o Average *k-NN* (Avg *k-NN*), que são explicados sucintamente nos capítulos anteriores.

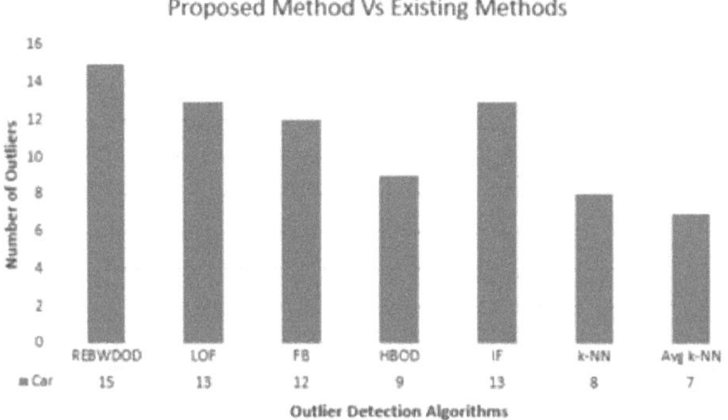

Fig. 6.3 Gráfico de comparação entre os métodos proposto e existente para o conjunto de dados de automóveis

6.6.2 Métricas utilizadas para avaliar o desempenho

As métricas utilizadas para avaliar o desempenho do algoritmo são brevemente explicadas na secção 3.5.1. O desempenho da metodologia proposta sobre os conjuntos de dados antes e depois da redução de outliers é apresentado na Tabela 6.4.

Tabela 6.4 Medidas de desempenho do conjunto de dados de automóveis

Medidas	**Com valores anómalos**	**Sem valores anómalos**
Precisão	100%	100%
Recall	92.94%	93.55%
Medida-F	96.34%	96.67%
Exatidão	92.94%	93.55%

6.6.3 Estimativa de erros para clusters

A pontuação da silhueta é explicada sucintamente na secção 3.5.3. A pontuação da silhueta gerada após a remoção dos outliers para o conjunto de dados de automóveis, utilizando a metodologia proposta, forma um cluster *k-Means* com 0,565, um cluster aglomerativo com 0,523 e DB-Scan com 0,501. Mas o método do fator de outlier local forma um cluster *k-Means* com 0,461, um cluster aglomerativo com 0,463 e DB-Scan com 0,439. A Tabela 6.5 mostra claramente que a pontuação da silhueta gerada após a remoção dos outliers utilizando a metodologia proposta é mais eficaz quando comparada com as metodologias existentes para a criação de clusters.

Tabela 6.5 Pontuação da silhueta - conjunto de dados de automóveis

Método de deteção de outlier	**k-Médias**	**Aglomerativo**	**DB-Scan**
Método de deteção de anomalias por densidade ponderada com base na entropia aproximada	0.565	0.523	0.501

Fator local de exceção	0.461	0.463	0.439

6.6.4 Estimativa de erros para outliers

O método dos mínimos quadrados ordinários (OLS) foi utilizado para estimar o erro para os valores aberrantes. O erro padrão foi reduzido quando os outliers foram removidos do conjunto de dados. As figuras 6.4 e 6.5 mostram o valor do erro padrão dos conjuntos de dados antes e depois da remoção dos outliers.

	coef	erro std		tP> | t |	[0.Θ25	0.975]
const	2.9838	a. ей	30.919	0.000	2.794	3.173
C	θ,ΘB61	0.026	0.232	0.316	-0.Θ45	0.057

Fig. 6.4 Estimativa de erro OLS para o conjunto de dados de automóveis - com outliers

	coef	erro std	t	P> | t |	[0.Θ25	0.975]
const	3.0000	0.065	46.449	0.000	2.873	3.127
C	2.3Se-16	0.01S	1.64e-14	1.ΘΘΘ	-Θ.Θ34	e.034

Fig. 6.5 Estimativa de erro OLS para o conjunto de dados de automóveis - sem outliers

Capítulo 7

CONCLUSÃO

7.1 Visão geral

Esta parte desenvolve o esboço da tese global. Em muitos grupos académicos e indústrias de aplicação, a deteção de valores atípicos está a tornar-se cada vez mais relevante. No método proposto, foi utilizado um método de deteção de valores aberrantes baseado na entropia bruta e na densidade ponderada para descobrir as diferenças quase indiscerníveis entre objectos, e foi utilizado um método de densidade ponderada para avaliar a incerteza de cada atributo e objeto. A tese visa a deteção de outliers em vários sistemas de informação utilizando conceitos de conjuntos aproximados e difusos. O objetivo da tese é detetar outliers em

- Universo único Granulação única
- Granulação simples de dois universos
- Universo Único Granulação Múltipla
- Granulação Neutrosófica de Universo Único

foi realizado. A tese está estruturada e sistematizada em forma de capítulos, que são discutidos a seguir:

Chapter 1 descreve os pormenores da descoberta de conhecimentos no conjunto de dados. A introdução de outliers e a sua deteção com o conjunto aproximado e a abordagem baseada em fuzzy é elaborada em pormenor. Além disso, os objectivos e a organização da tese são também mencionados neste capítulo.

Chapter 2 analisa trabalhos relacionados com a deteção de valores atípicos. Inclui um levantamento de vários investigadores relacionados com a deteção de valores atípicos e enumera os inconvenientes encontrados nos trabalhos da literatura.

Chapter 3 elabora estratégias de identificação de outliers baseadas em números são ineficazes. Consequentemente, as relações de proximidade difusa são utilizadas para detetar objectos quase indistinguíveis e a densidade ponderada é utilizada para calcular a incerteza de cada atributo e objeto. Em termos de eficiência, a abordagem de identificação de objectos aberrantes baseada na densidade ponderada e na entropia aproximada supera os algoritmos anteriores na localização de objectos aberrantes para dados mistos. Após a remoção dos outliers no conjunto de dados de granulação única de universo único, os resultados experimentais mostram que a precisão é melhorada e são formados bons grupos com base na pontuação da silhueta gerada. O método dos mínimos quadrados ordinários é utilizado para calcular a taxa de estimativa do erro padrão, o que mostra que a taxa de erro padrão diminuiu quando os outliers foram removidos do conjunto de dados.

O Capítulo 4 descreve o sistema de informação que liga dois domínios onde residem dados sensíveis numa variedade de aplicações do mundo real. Um sistema de informação como este pode incluir dados críticos. A utilização de um conjunto aproximado fuzzy intuicionista em dois conjuntos universais produz um modelo melhor do que um conjunto aproximado fuzzy em dois conjuntos universais. Um novo modelo de conjunto aproximado baseado numa ligação binária entre dois universos não vazios C e D e um par de valores-limite definido por um par fuzzy intuicionista (μ, γ). Em conjuntos de dados reais e sintéticos, a abordagem de identificação de anomalias por densidade ponderada baseada na entropia aproximada supera outras técnicas actuais de deteção de anomalias. Os resultados da experiência indicam que, uma vez removidos os valores aberrantes dos dois conjuntos de dados universais de granulação única, a precisão melhora e são produzidos bons grupos com base na pontuação da silhueta derivada. A abordagem de mínimos quadrados ordinários é utilizada para determinar a taxa de estimativa do erro padrão, o que indica que, à medida que os outliers são eliminados do conjunto de dados, a taxa de erro padrão diminui.

O Capítulo 5 descreve o conceito de teoria dos conjuntos aproximados padrão e o quadro de conjuntos aproximados de granulação múltipla. Ambos são complementares em muitas aplicações práticas. Os atributos fracos são removidos do conjunto de dados através do cálculo da confiança ou da força da sua regra de relação. A aproximação é um conceito que avalia a importância de um atributo de condição para um atributo de decisão. Foi utilizada uma estratégia de deteção de valores atípicos por densidade ponderada baseada na entropia aproximada para identificar valores atípicos em dados categóricos com vários grânulos. Esta estratégia foi comparada com outras técnicas actuais de identificação de valores atípicos para determinar a sua utilidade. Os resultados da experiência mostram que a remoção de valores atípicos do conjunto de dados de universo único e multi-granulado aumenta a exatidão e produz excelentes agrupamentos com base na pontuação de silhueta calculada. A taxa de estimativa do erro padrão é calculada utilizando o método dos mínimos quadrados ordinários, o que mostra que, quando os outliers são removidos do conjunto de dados, a taxa de erro padrão diminui.

O capítulo 6 aborda os pormenores da teoria dos conjuntos aproximados com aproximações e a deteção de valores atípicos no conjunto neutrosófico. No modelo proposto, são utilizadas a verdade da relação de corte de nível (α), a indeterminação (β) e a associação de falsidade (γ). A modificação do parâmetro de nível pode controlar a extensão da perda de informação. Num conjunto de dados de filmes neutrosóficos, são utilizados valores de densidade ponderada para os atributos e objectos para localizar os valores anómalos. Foi efectuada uma comparação de desempenho entre os sistemas existentes e os recomendados para estabelecer a sua eficácia. Os resultados das experiências demonstram que a eliminação de valores anómalos dos conjuntos de dados neutrosóficos de universo único melhora a precisão e produz grandes grupos com base na pontuação de silhueta calculada. A abordagem dos mínimos quadrados ordinários é utilizada para obter a taxa de estimativa do erro padrão, o que indica que, à medida que os outliers são eliminados do conjunto de dados, a taxa de erro padrão diminui.

7.2 Conclusão

A disponibilidade de dados em vários campos não pode ser utilizada diretamente em aplicações em tempo real. Existem valores em falta ou nulos, que não são bem formulados. Alguns objectos que se desviam de outros objectos com base no seu comportamento ou caraterísticas são conhecidos como outliers. Numa pesquisa bibliográfica pormenorizada, são discutidos e propostos diferentes métodos de deteção de valores aberrantes. São especificados vários métodos de deteção de valores anómalos, que correspondem a um único domínio de aplicação.

O método de deteção de anomalias baseado na densidade ponderada e na entropia bruta foi concebido para detetar anomalias em dados categóricos. No entanto, este trabalho de investigação atual mostra que a deteção de valores atípicos também é possível em conjuntos de dados mistos, dois conjuntos de dados universais, conjuntos de dados multigranulares e conjuntos neutrosóficos. Não requer a rotulagem dos dados, uma vez que considera apenas os atributos condicionais e não os atributos de decisão. O valor da densidade ponderada mede as incertezas presentes em cada atributo e objeto. O algoritmo de deteção de anomalias baseado na densidade ponderada e na entropia aproximada mostra a sua eficiência quando comparado com outros algoritmos de deteção de anomalias existentes.

7.3 Limitação

- A abordagem da relação de proximidade difusa não lida com a incompletude dos dados no conjunto de dados. Trata-se de um dos principais inconvenientes da utilização de uma abordagem difusa.
- A elevada complexidade dimensional da informação presente no conjunto de dados não é tratada pela abordagem intuitiva baseada em fuzzy e os dados instáveis também não são reconhecidos.
- A fixação do valor limiar nas abordagens difusa e difusa intuicionista leva, por vezes, a que os objectos regulares se tornem irregulares e os anómalos possam ser detectados como objectos normais.

7.4 Âmbito futuro

- Outros estudos poderiam centrar-se no tratamento da incompletude dos dados utilizando a abordagem da relação de proximidade difusa, que pode ser alargada a outras abordagens viáveis.
- Os trabalhos de investigação futuros podem também incluir outros tipos de conjuntos de moles baseados na deteção de valores atípicos, tais como conjuntos de moles difusos com valor intervalar, conjuntos de moles vagos e conjuntos de moles difusos intuicionistas com valor intervalar.
- Várias formas de avaliar o método MGRS em comparação com as abordagens originais de Pawlak e métodos para alargar os conjuntos aproximados no contexto de multi-granulações são os possíveis trabalhos de investigação que podem ser realizados a partir daqui.
- Os trabalhos futuros poderão também centrar-se na criação da base de dados a partir de vários peritos, bem como na obtenção dos pesos das caraterísticas utilizando avaliações de grupo.
- A aproximação das classificações e a sua generalização em conjuntos aproximados em dois conjuntos universais com base na multi granulação podem ser estudadas, uma vez que têm mais importância na classificação de objectos.
- O estudo é efectuado para reduzir a complexidade durante o tratamento de dados de elevada dimensão utilizando a abordagem da relação de proximidade difusa intuicionista que pode ser estudada juntamente com outras abordagens difusas.
- O estudo foi alargado para a fixação de um limiar que conduz a mais deteção adequada de anomalias que pode ser melhorada com mais estudos.

REFERÊNCIAS

Abiodun, O. I., Jantan, A., Omolara, A. E., Dada, K. V., Umar, A. M., Linus, O. U., Ar- shad, H., Kazaure, A. A., Gana, U. e Kiru, M. U. (2019), 'Comprehensive review of artificial neural network applications to pattern recognition', *IEEE Access* **7**(1), 88208846.

Acharjya, D. e Tripathy, B. (2012), "Intuitionistic fuzzy rough set on two universal sets and knowledge representation", *Mathematical Sciences International Research Journal* **1**(2), 584-598.

Acharjya, D. e Tripathy, B. (2013), "Caracterização topológica, medidas de incerteza e igualdade aproximada de conjuntos em dois conjuntos universais", *International Journal of Intelligent Systems and Applications* **5**(2), 1-16.

Achtert, E., Hettab, A., Kriegel, H. P., Schubert, E. e Zimek, A. (2011), Spatial outlier detection: Data, algorithms, visualizations, *em* 'Proceedings of the 6th International Symposium on Spatial and Temporal Databases', Springer, pp. 512-516.

Ali, M. I., Feng, F., Liu, X., Min, W. K. e Shabir, M. (2009), "On some new operations in soft set theory", *Computers and Mathematics with Applications* **57**(9), 1547-1553.

Alkasadi, N. A., Ibrahim, S., Abuzaid, A., Yusoff, M. I., Hamid, H., Zhe, L. W. e Abd Razak, A. (2019), 'Outlier detection in multiple circular regression model using dffitc statistic', *Sains Malaysiana* **48**(7), 1557-1563.

Anitha, A. e Acharjya, D. P. (2016), "Customer choice of super markets using fuzzy rough set on two universal sets and radial basis function neural network", *International Journal of Intelligent Information Technologies* **12**(3), 20-37.

Asikoglu, O. (2017), "Outlier detection in extreme value series", *Journal of Multidisciplinary Engineering Science and Technology* **4**(5), 314-318.

Atanassov, K. T. (1999), "Intuitionistic fuzzy sets", *Heidelberg Physica* **1**(1), 1-137.

Bae, I. e Ji, U. (2019), "Deteção de valores atípicos e processo de suavização para dados de nível de água medidos por sensor ultrassónico em fluxos de água", *MDPI Water* **11**(5), 1-16.

Bauder, R. A. and Khoshgoftaar, T. M. (2016), A probabilistic programming approach for outlier detection in healthcare claims, *in* 'Proceedings of the 15th IEEE International Conference on Machine Learning and Applications', IEEE, pp. 347-354.

Bello, R. e Falcão, R. (2017), "Rough sets in machine learning: a review", *Studies in Computational Intelligence* **708**(1), 87-118.

Bhatt, V., Dhakar, M. e Chaurasia, B. K. (2016), 'Filtered clustering based on local outlier fator in data mining', *International Journal of Database Theory and Application* **9**(5), 275-282.

Bibri, S. E. e Krogstie, J. (2018), O dilúvio de grandes volumes de dados para transformar o conhecimento das cidades inteligentes e sustentáveis: Uma estrutura de mineração de dados para análise urbana, *em* 'Proceedings of the 3rd International Conference on Smart City Applications', ACM, pp. 1-10.

Cateni, S., Colla, V. e Nastasi, G. (2013), "A multivariate fuzzy system applied for outliers detection", *Journal of Intelligent and Fuzzy Systems* **24**(4), 889-903.

Chandarana, D. R. e Dhamecha, M. V. (2015), Aviso de remoção: A survey for different approaches of outlier detection in data mining, *in* 'Proceedings of the 14th International Conference on Electrical, Electronics, Signals, Communication and Optimization', IEEE, pp. 1-5.

Chandola, V., Banerjee, A. e Kumar, V. (2009), "Anomaly detection: A survey", *ACM*

computing surveys **41**(3), 1-58.
Chen, D., Tsang, E., Yeung, D. S. e Wang, X. (2005), 'The parameterization reduction of soft sets and its applications', *Computers and Mathematics with Applications* **49**(5), 757-763.
Cios, K. J., Pedrycz, W. e Swiniarski, R. W. (2012), *Data mining methods for knowledge discovery*, Vol. 458, Springer Science and Business Media.
Cole, C. (1993), "Shannon revisited: Information in terms of uncertainty", *Journal of the American Societyfor Information Science* **44**(4), 204-211.
Couceiro, M. e Napoli, A. (2019), Elementos sobre a descoberta de conhecimento exploratório, baseado no conhecimento, híbrido e explicável, *in* 'Proceedings of the 19th International Conference on Formal Concept Analysis', Springer, pp. 3-16.
Dani, Y., Gunawan, A. Y. e Indratno, S. W. (2022), Detecting online outlier for data streams using recursive residual, *in* 'Proceedings of the 7th International Conference on Informatics and Computing', IEEE, pp. 1-7.
Dhanusha, C. and Kumar, A. S. (2021), Deep recurrent q reinforcement learning model to predict the alzheimer disease using smart home sensor data, *in* 'Proceedings of the 1st IOP Conference Series Materials Science and Engineering', IOP, pp. 1-10.
Ding, W., Pedrycz, W., Triguero, I., Cao, Z. e Lin, C.-T. (2020), "Modelo de superconfiança multigranulação para redução de atributos", *IEEE Transactions on Fuzzy Systems* **29**(6), 1395-1408.
Do, T. D., Tran, T. M., Le, X. M. T. and Duong, T. V. T. (2017), Detecting special lecturers using information theory-based outlier detection method, *in* 'Proceedings of the 7th International Conference on Compute and Data Analysis', ACM, pp. 240-244.
Domanski, P. D. (2020), "Study on statistical outlier detection and labelling", *International Journal of Automation and Computing* **17**(6), 788-811.
Du, X., Zuo, E., Chu, Z., He, Z. e Yu, J. (2023), 'Fluctuation-based outlier detection', *Scientific Reports* **13**(1), 1-18.
Eddine, M. M. C. e Zeki, A. M. (2019), 'Quranic motivation towards modern approach for e-da'wah', *International Journal of Quranic Research* **11**(2), 53-83.
Fong, S., Li, T., Han, D. e Mohammed, S. (2021), "Lightweight classifier based outlier detection algorithms from multivariate data stream", *Journal of Nature Inspired Computing* **295**(1), 97-125.
Garcia, S., Luengo, J. e Herrera, F. (2015), *Data preprocessing in data mining*, Vol. 72, Springer.
Geetha, M. A., Acharjya, D. P. e Iyengar, N. C. S. (2014), 'Algebraic properties of rough set on two universal sets based on multigranulation', *International Journal of Rough Sets and Data Analysis* **1**(2), 49-61.
Gera, S. (2023), "Real-time outlier detection in streaming data: a deep learning-based approach", *Social Science Research Network* **23**(1), 1-19.
Ghosh, S. K., Mitra, A. e Ghosh, A. (2021), "A novel intuitionistic fuzzy soft set entrenched mammogram segmentation under multigranulation approximation for breast cancer detection in early stages", *Expert Systems with Applications* **169**(1), 1-12.
Goyal, H., Sharma, C. e Joshi, N. (2017), "An integrated approach of gis and spatial data mining in big data", *International Journal of Computer Application* **169**(11), 1-6.
Guo, Z.-L., Liu, Y.-L. e Yang, H.-L. (2017), "Um novo modelo de conjunto aproximado em espaços de aproximação neutrosóficos generalizados de valor único e a sua aplicação", *Symmetry* **9**(7), 119.

Hawkins, S., He, H., Williams, G. e Baxter, R. (2002), Outlier detection using replicator neural networks, *em* 'Proceedings of the 3rd International Conference on Data Warehousing and Knowledge Discovery', Springer, pp. 170-180.
He, Z., Xu, X., Huang, Z. J. e Deng, S. (2005), 'Fp-outlier: Frequent pattern based outlier detection", *Computer Science and Information Systems* **2**(1), 103-118.
Heijmans, R. e Zhou, C. (2019), "Outlier detection in target2 risk indicators", *Documento de Trabalho do De Nederlandsche Bank* **624**(1), 1-8.
Hela, S., Amel, B. e Badran, R. (2018), "Deteção precoce de anomalias em casas inteligentes: Uma abordagem baseada em regras de associação causal", *Inteligência Artificial em Medicina* **91**(1), 5771.
Hu, J., Li, T., Luo, C., Fujita, H. e Yang, Y. (2017), "Incremental fuzzy cluster ensemble learning based on rough set theory", *Knowledge-Based Systems* **132**(1), 144-155.
Huo, Y., Yin, L. and Wang, R. (2022), Research on data outlier detection method based on sample parameter selection lof, *in* 'SHS Web of Conferences', Vol. 140, EDP Sciences.
Ilyas, I. F. e Chu, X. (2019), *Data cleaning*, Morgan and Claypool.
Ivanushkin, M. A., Volgin, S. S., Kaurov, I. V. e Tkachenko, I. S. (2019), 'Analysis of statistical methods for outlier detection in telemetry data arrays, obtained from "aist" small satellites', *Journal of Physics: Conference Series* **1326**(1), 012-029.
Janssens, J. H., Flesch, I. e Postma, E. O. (2009), Outlier detection with one-class classifiers from ml and kdd, *in* 'Proceedings of the 4th International Conference on Machine Learning and Applications', IEEE, pp. 147-153.
Jiang, F., Sui, Y. e Cao, C. (2008), "A rough set approach to outlier detection", *International Journal of General Systems* **37**(5), 519-536.
Jiang, F., Sui, Y. e Cao, C. (2009), "Some issues about outlier detection in rough set theory", *Expert Systems with Applications* **36**(3), 4680-4687.
Jiang, F., Zhao, H., Du, J., Xue, Y. e Peng, Y. (2019), 'Outlier detection based on approximation accuracy entropy', *International Journal of Machine Learning and Cybernetics* **10**(9), 2483-2499.
Jones, P. J., James, M. K., Davies, M. J., Khunti, K., Catt, M., Yates, T., Rowlands, A. V. e Mirkes, E. M. (2020), "Filterk: A new outlier detection method for k-means clustering of physical activity", *Journal of Biomedical Informatics* **104**(1), 1-10.
Kamble, B. e Doke, K. (2017), "Outlier detection approaches in data mining", *International Research Journal of Engineering and Technology* **4**(2), 634-638.
Khan, S., Gani, A., Wahab, A. W. A., Shiraz, M. e Ahmad, I. (2016), "Network forensics: review, taxonomy, and open challenges", *Journal of Network and Computer Applications* **66**(1), 214-235.
Komorowski, J., Pawlak, Z., Polkowski, L. e Skowron, A. (1999), "Rough sets: A tutorial. rough fuzzy hybridization: A new trend in decision-making", pp. 3-98.
Kou, A., Huang, X. e Sun, W. (2023), "Outlier detection algorithms for open environments", *Wireless Communications and Mobile Computing* **2023**(1), 1-9.
Li, S., Lee, R. e Lang, S.-D. (2007), Mining distance-based outliers from categorical data, *em* 'Proceedings of the 7th International Conference on Data Mining Workshops', IEEE, pp. 225-230.
Li, Z. e Tang, Y. (2018), A representação matricial do modelo de conjunto aproximado fuzzy no sistema de informação ordenado fuzzy intuicionista, *em* 'Proceedings of the 18th Chinese Control And Decision Conference', IEEE, pp. 2177-2182.

Liang, J., Wang, F., Dang, C. e Qian, Y. (2012), 'An efficient rough feature selection algorithm with a multi-granulation view', *International Journal of Approximate Reasoning* **53**(6), 912-926.

Liao, W., Guo, Y., Chen, X. e Li, P. (2018), Um autoencoder variacional de mistura gaussiana não supervisionado unificado para deteção de outlier de alta dimensão, *em* 'Proceedings of the 4th IEEE International Conference on Big Data', IEEE, pp. 1208-1217.

Lin, G., Qian, Y. e Li, J. (*2012a*), 'Nmgrs: Neighborhood-based multigranulation rough sets", *International Journal of Approximate Reasoning* **53**(7), 1080-1093.

Lin, G., Qian, Y. e Li, J. N. (*2012b*), 'Neighborhood-based multigranulation rough sets', *International Journal of Approximate Reasoning* **53**(7), 1080-1093.

Lin, G., Xin, L., Feng, H. e Ying, L. (2014), A new outlier detection algorithm and its application in intelligent transportation system, *in* 'Proceedings of the 7th Joint International Information Technology and Artificial Intelligence Conference', IEEE, pp.442-445.

Liu, C., White, M. e Newell, G. (2020), 'Outlier detection methods are still effective even using virtual species created with the probabilistic approach', *Journal of Biogeography* **47**(9), 2054-2057.

Liu, S., Cao, Z. e Yang, H. (2016), 'Information theory-based target detection for high-resolution sar image', *IEEE Geoscience and Remote Sensing Letters* **13**(3), 404408.

Lu, C. T., Chen, D. and Kou, Y. (2003), Algorithms for spatial outlier detection, *in* 'Proceedings of the 3rd IEEE International Conference on Data Mining', IEEE, pp. 597600.

Macia-Perez, F., Berna-Martinez, J. V., Oliva, A. F. e Ortega, M. A. A. (2015), "Algoritmo para a deteção de outliers baseado na teoria dos conjuntos aproximados", *Decision Support Systems* **75**(1), 63-75.

Maji, P. K., Biswas, R. e Roy, A. R. (2003), "Soft set theory", *Computers and Mathematics with Applications* **45**(4), 555-562.

Mariscal, G., Marban, O. e Fernandez, C. (2010), "A survey of data mining and knowledge discovery process models and methodologies", *The Knowledge Engineering Review* **25**(2), 137-166.

Mary, A. G., Acharjya, D. e Iyengar, N. C. S. (2014), 'Privacy preservation in fuzzy association rules using rough computing and dsr', *Cybernetics and Information Technologies* **14**(1), 52-71.

Molodtsov, D. (1999), "Soft set theory - first results", *Computers and Mathematics with Applications* **37**(4-5), 19-31.

Mozafari, N., Nikouei Mahani, M.-A. e Hashemi, S. (2020), "A distributed clustering approach for heterogeneous environments using fuzzy rough set theory", *International Journal of Information Science and Management* **18**(2), 215-228.

Nag, A. K., Mitra, A. e Mitra, S. (2005), "Multiple outlier detection in multivariate data using self-organizing maps title", *Computational Statistics* **20**(2), 245-264.

Nathaniel, G. (2020), "Using extreme value theory to test for outliers", *De Nederland- sche Bank Working Paper* **323**(3), 103-120.

Nguyen, X. T., Van Dinh, N. e Nguyen, D. D. (2014), 'Rough fuzzy relation on two universal sets', *International Journal of Intelligent Systems and Applications* **6**(4), 4964.

Nowak Brzeziinska, A. (2017), Outlier mining in rule-based knowledge bases, *em* 'Proceedings of the 1st IEEE International Conference on Innovations in Intelligent Systems and Applications', IEEE, pp. 391-396.

Pawlak, Z. (1982), "Rough sets", *International Journal of Computer and Information*

Sciences **11**(1), 341-356.
Qian, Y., Liang, J. e Dang, C. (2009), "Incomplete multigranulation rough set", *IEEE Transactions on Systems, Man, and Cybernetics-Part A: Systems and Humans* **40**(2), 420-431.
Qian, Y., Liang, J., Pedrycz, W. e Dang, C. (2010), "Positive approximation: an accelerator for attribute reduction in rough set theory", *Artificial Intelligence* **174**(910), 597-618.
Qian, Y., Zhang, H., Sang, Y. e Liang, J. (2014), "Multigranulação de conjuntos aproximados da teoria da decisão", *International Journal of Approximate Reasoning* **55**(1), 225-237.
Raj, S. S. e Kannan, K. S. (2017), "Detection of outliers in regression model for medical data", *International Journal of Medical Research and Health Sciences* **6**(7), 5056.
Rajeswari, A., Sridevi, M. e Deisy, C. (2014), Outliers detection on educational data using fuzzy association rule mining, *in* 'Proceedings of the 8th International Conference on Advanced in Computer Communication and Information Science', Elsevier, pp. 1-9.
Reddy, H. V., Agrawal, P. e Raju, S. V. (2013), Data labeling method based on cluster purity using relative rough entropy for categorical data clustering, *em* 'Proceedings of the 13th International Conference on Advances in Computing, Communications and Informatics', IEEE, pp. 500-506.
Salgado, C. M., Azevedo, C., Proenca, H. e Vieira, S. M. (2016), 'Noise versus outliers', *Análise Secundária de Registos de Saúde Electrónicos* **4**(1), 163-183.
Sangeetha, T. e Mary, A. G. (2019), "Movie dataset", *Mendeley Data* **1**.
URL: *10.17632/v526j384hx.1*
Sangeetha, T. e Mary, A. G. (2020), "Dois dados universais", *Mendeley Data* **1**.
URL: *10.17632/755zpfpwxn.1*
Saxena, A., Prasad, M., Gupta, A., Bharill, N., Patel, O. P., Tiwari, A., Er, M. J., Ding, W. e Lin, C.-T. (2017), 'A review of clustering techniques and developments', *Neurocomputing* **267**(1), 664-681.
Sengupta, N., Sen, J., Sil, J. e Saha, M. (2013), "Designing of on line intrusion detection system using rough set theory and q-learning algorithm", *Neurocomputing* **111**(1), 161-168.
Senthilnayaki, B., Venkatalakshmi, K. e Kannan, A. (2019), 'Intrusion detection system using fuzzy rough set feature selection and modified knn classifier', *The International Arab Journal of Information Technology* **16**(4), 746-753.
Seo, S. (2006), A review and comparison of methods for detecting outliers in univariate data sets, tese de doutoramento, Universidade de Pittsburgh.
Shafiq, O. (2019), Anomaly detection in blockchain, tese de mestrado, Universidade de Tampere.
She, Y. e Owen, A. B. (2011), 'Outlier detection using nonconvex penalized regression', *Journal of the American Statistical Association* **106**(494), 626-639.
Siegel, B. (2020), Spatiotemporal Anomaly Detection: Streaming Architecture and Algorithms, tese de doutoramento, Universidade Estatal do Colorado.
Singh, A. K. e Lalitha, S. (2018), "A novel spatial outlier detection technique", *Communications in Statistics-Theory and Methods* **47**(1), 247-257.
Smarandache, F. (2006), Neutrosophic set-a generalization of the intuitionistic fuzzy set, *in* 'Proceedings of the 2nd IEEE International Conference on Granular Computing', IEEE, pp. 38-42.
Taha, A., Onsi, H. M., Hegazy, O. M. *et al.* (2019), 'A model for spatial outlier detection based on weighted neighborhood relationship', *Preprint Published in ArXiv* **1**(1), 1-9.
Tan, A., Wu, W. Z., Qian, Y., Liang, J., Chen, J. e Li, J. (2018), 'Intuitionistic fuzzy rough

set-based granular structures and attribute subset selection', *IEEE Transactions on Fuzzy Systems* **27**(3), 527-539.
Tang, B. e He, H. (2017), "A local density-based approach for outlier detection", *Neurocomputing* **241**(1), 171-180.
Tomar, D. e Agarwal, S. (2014), "A survey on pre-processing and post-processing techniques in data mining", *International Journal of Database Theory and Application* **7**(4), 99-128.
Trevizan, B., Chamby-Diaz, J., Bazzan, A. L. e Recamonde Mendoza, M. (2020), "A comparative evaluation of aggregation methods for machine learning over vertically partitioned data", *Expert Systems with Applications* **152**(1), 1-13.
Tripathy, B., Acharjya, D. e Ezhilarasi, L. (2011), Topological characterization of rough set on two universal sets and knowledge representation, *in* 'Proceedings of the 5th International Conference on Computing and Communication Systems', Springer, pp. 68-81.
Tripathy, B. and Acharjya, D. P. (2013), 'Approximation of classification and measures of uncertainty in rough set on two universal sets', *International Journal of Advanced Science and Technology* **40**(1), 1-14.
Wahid, A. e Rao, A. C. S. (2021), "Odra: an outlier detection algorithm based on relevant attribute analysis method", *Cluster Computing* **24**(1), 569-585.
Wang, H., Smarandache, F., Zhang, Y. e Sunderraman, R. (2010), "Single valued neutrosophic sets", *Infinite Study* **12**(1), 1-20.
Wang, J. T., Zaki, M. J., Toivonen, H. T. e Shasha, D. (2005), "Introduction to data mining in bioinformatics", *Advanced Information and Knowledge Processing* **2010**(1), 3-8.
Wang, W., Zhan, J. e Zhang, C. (2021), "Three-way decisions based multiattribute decision making with probabilistic dominance relations", *Information Sciences* **559**(1), 75-96.
Williams, G., Baxter, R., He, H., Hawkins, S. e Gu, L. (2002), A comparative study of rnn for outlier detection in data mining, *em* 'Proceedings of the 12th IEEE International Conference on Data Mining', IEEE, pp. 709-712.
Wu, N. and Zhang, J. (2003), Fator analysis based anomaly detection, *in* 'Proceedings of the 2003 IEEE Systems, Man and Cybernetics Society Information Assurance Workshop', IEEE, pp. 108-115.
Xie, L., Jia, Y., Xiao, J., Gu, X. e Huang, J. (2020), 'Gmdh-based outlier detection model in classification problems', *Journal of Systems Science and Complexity* **33**(5), 1516-1532.
Xu, W., Wang, Q. e Zhang, X. (2011), "Multi-granulação de conjuntos aproximados fuzzy num espaço de aproximação de tolerância fuzzy", *International Journal of Fuzzy Systems* **13**(4).
Xu, X., Liu, H., Li, L. e Yao, M. (2018), 'A comparison of outlier detection techniques for high-dimensional data', *International Journal of Computational Intelligence Systems* **11**(1), 652-662.
Yang, L., Zhang, X., Xu, W. e Sang, B. (2019), 'Multi-granulação de conjuntos aproximados e medição de incerteza para sistema de informação fuzzy multi-fonte', *International Journal of Fuzzy Systems* **21**(6), 1919-1937.
Yang, X., Song, X., Dou, H. e Yang, J. (2011), "Multi-granulation rough set: from crisp to fuzzy case", *Annals of Fuzzy Mathematics and Informatics* **1**(1), 55-70.
Yao, Y. (2007), Decision-theoretic rough set models, *em* "Proceedings of the 4th International Conference on Rough Sets and Knowledge Technology", Springer, pp. 1-12.
Ye, J. (2013), "Multicriteria decision-making method using the correlation coefficient under single-valued neutrosophic environment", *International Journal of General Systems* **42**(4),

386-394.
Ye, J., Zhan, J., Ding, W. e Fujita, H. (2021), "A novel fuzzy rough set model with fuzzy neighborhood operators", *Information Sciences* **544**(1), 266-297.
Yu, Q., Luo, Y., Chen, C. e Bian, W. (2016), 'Neighborhood relevant outlier detection approach based on information entropy', *Intelligent Data Analysis* **20**(6), 1247-1265.
Zadeh, L. A. (1965), "Fuzzy sets", *Information and Control* **8**(3), 338-353.
Zavadskas, E. K., Bausys, R., Kaklauskas, A., Ubarte, I., Kuzminske, A. e Gudiene, N. (2017), "Sustainable market valuation of buildings by the single-valued neutrosophic mamva method", *Applied Soft Computing* **57**(1), 74-87.
Zenkert, J., Klahold, A. e Fathi, M. (2018), 'Knowledge discovery in multidimensional knowledge representation framework', *Iran Journal of Computer Science* **10**(4), 199-216.
Zhan, J., Ye, J., Ding, W. e Liu, P. (2022), "A novel three-way decision model based on utility theory in incomplete fuzzy decision systems", *IEEE Transactions on Fuzzy Systems 30(7),* 2210-2226.
Zhang, H., Zhan, J. e He, Y. (2019), 'Multi-granulação hesitante fuzzy rough sets e aplicações correspondentes', *Soft Computing 23*(24), 13085-13103.
Zhang, Z. (2012), "A rough set approach to intuitionistic fuzzy soft set based decision making", *Applied Mathematical Modelling 36*(10), 4605-4633.
Zhao, X., Liang, J. e Cao, F. (2014), 'A simple and effective outlier detection algorithm for categorical data', *International Journal of Machine Learning and Cybernetics 5*(3), 469-477.
Zheng, G., Brantley, S. L., Lauvaux, T. e Li, Z. (2017), Contextual spatial outlier detection with metric learning, *em* 'Proceedings of the 23rd International Conference on Knowledge Discovery and Data Mining', ACM, pp. 2161-2170.
Zhou, J., Lai, Z., Gao, C., Miao, D. e Yue, X. (2018), 'Rough possibilistic c- means clustering based on multigranulation approximation regions and shadowed sets', *Knowledge-Based Systems 160*(1), 144-166.
Zhou, J., Pedrycz, W. e Miao, D. (2011), 'Shadowed sets in the characterization of rough-fuzzy clustering', *Pattern Recognition 44*(8), 1738-1749.
Zhou, Q., Yin, C. e Li, Y. (2004), The variable precision rough set model for data mining in inconsistent information system, *in* 'Proceedings of the 1st Advanced Workshop on Content Computing', Springer, pp. 285-290.

LISTA DE PUBLICAÇÕES

Sangeetha, T. e Geetha, M. A. (2022), "Rough set-based entropy measure with weighted density outlier detection method", *Open Computer Science* **12**(1), 123133.
Sangeetha, T. e Geetha, M. A. (2021), "A fuzzy proximity relation approach for outlier detection in the mixed dataset by using rough entropy-based weighted density method", *Soft Computing Letters* **3**(1), 1-12.
Sangeetha, T. e Geetha, M. A. (2020), "A study on different methods of outlier detection algorithms in data mining", *International Journal of Computer Information Systems and Industrial Management Applications* **12**(1), 398-411.
Sangeetha, T. e Geetha, M A. (2020), "Outlier detection in neutrosophic sets by using rough entropy based weighted density method", *CAAI Transactions on Intelligence Technology* **5**(2), 121-127.
Sangeetha, T. e Geetha, M. A. (2020), "An intuitionistic fuzzy approach with rough entropy measure to detect outliers in two universal sets", *International Journal of Fuzzy System*

Applications **9**(3), 100-117.
Sangeetha, T. e Geetha, M. A. (2019), Um método de deteção de outlier de densidade ponderada baseado em entropia aproximada para dois conjuntos universais, *em* 'Proceedings of the 2nd International Conference on Data Engineering and Communication Technology', Springer, pp. 509-516.

Printed by Books on Demand GmbH, Norderstedt / Germany